照顧×教養×遊戲，一起度過親親時光！

文鳥飼養日記

伊藤美代子／監修　蕭辰倢／譯

前言

在為數眾多的寵物之中，你能對文鳥感興趣，並翻開這本書，我覺得非常開心也由衷感謝。

跟寵物店裡的其他小鳥相比，文鳥雖然顏色樸素且不會學人說話，但喜怒哀樂卻相當明顯，是情感纖細豐富的一種鳥兒。除此之外，文鳥也會回應飼主所付出的愛心，有時甚至會出現成對文鳥與飼主之間爭寵吃醋的情況。透過每天的學習，文鳥對心愛飼主的關切，也會隨歲數增長而變化（進化？）。我自己同樣是在小學時期為文鳥的這種習性所感動，一直到現在，文鳥的溫柔都還療癒著我。

文鳥如此美好，我希望能讓更多人理解並幫助牠們，讓牠們更容易生存，因此接下了本書的監修任務。若各位讀者所飼養的文鳥能因此擁有更舒適快樂的生活，那將是我的榮幸。

監修　伊藤美代子

文鳥的生活相簿

文鳥是能放在手掌心的小鳥。
身體雖小卻情感豐富，會展現出無數可愛的模樣。
讓我們來偷偷瞧一瞧文鳥的生活日常吧！

最喜愛的放鬆場所是裝著飼料的抽屜。

文鳥出籠的放風時間，就是開心互動的時刻。

正因為一起生活，所以能從各種角度欣賞文鳥。

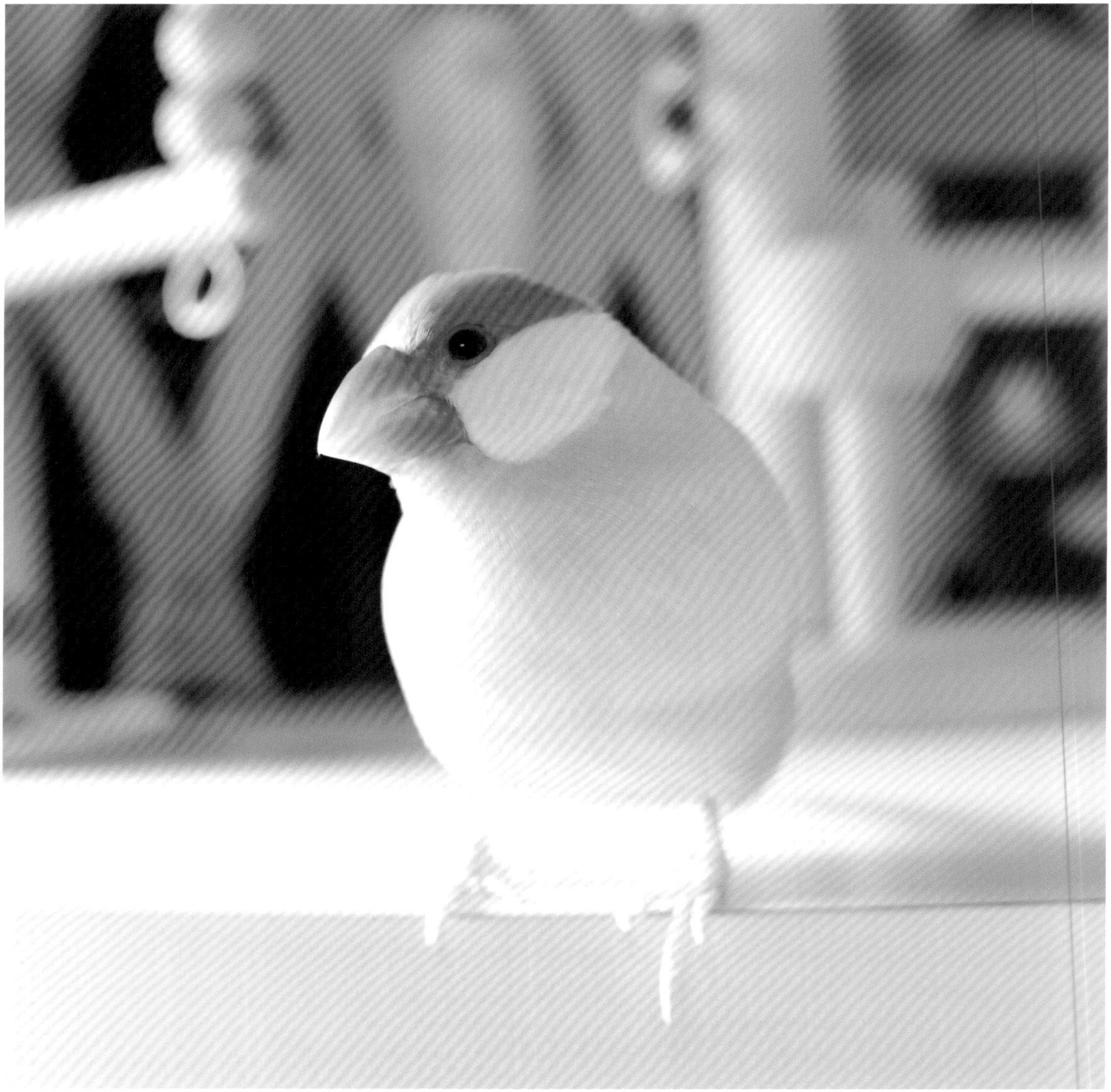

彷彿正傾訴著什麼般的眼眸。文鳥擁有豐沛的情感，是很喜歡跟飼主交流的鳥兒。

eat

sleep

communicate

「文鳥飼養日記」
正式開始！

Contents

第一章 認識文鳥

第二章 來養文鳥吧！

第三章 如何跟文鳥交流？

第一章

認識文鳥

一起生活的
基礎知識

文鳥的
生態與特徵

初次見面你好。
先來了解一下
文鳥吧！

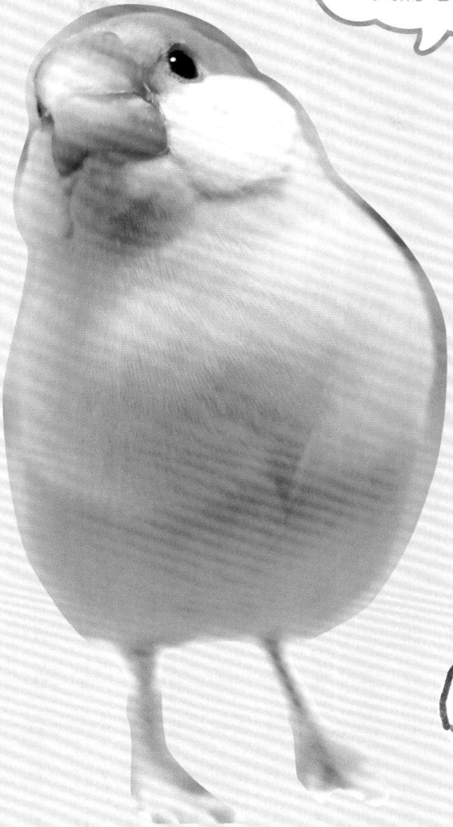

**適合新手
飼養的品種**

在開始飼養文鳥前，先來認識文鳥的特徵！
搞懂文鳥的特殊生態，並了解一起生活的基本重點，
就能在迎接文鳥之前做好心理準備。
配合品種一覽表一起參考吧！

文鳥的身體

【眼】

靈敏度佳，據說可辨識的色彩比人類還多。眼瞼會由下往上閉合。

【耳】

外觀上看不出來，但眼睛下方的羽毛內有耳朵。聽覺能力極佳。

【鳥喙】

鳥喙厚實堅韌是文鳥的特徵，可靈巧剝開穀物外皮後食用。

【鼻】

位於鳥喙兩側的小洞就是鼻子，生病時可能會流出鼻水。

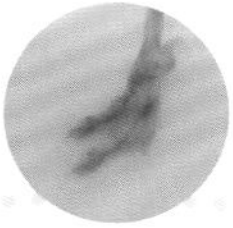

【嗉囊】

位於喉嚨，用來存放食物的部位。在將食物送到胃裡之前，會先暫時儲存於此。

【羽毛】

健康文鳥的羽毛表面會散發光澤。換羽期舊羽會脫落並長出新羽。

【腳】

前有3根，後有1根腳趾。會跳躍，或輪流踏出左右腳行走。

先來認識身體構造

小小身體，卻有比人類卓越的視力與聽力

產自印尼麻雀的同伴

文鳥這種鳥類原產於高溫潮濕的印尼，由於耐暑怕寒，很難適應乾燥且低溫的冬季。文鳥被分類為雀形目，日本人從江戶時代便將其當成寵物飼養，彼此相處的歷史悠長。牠們身體強健，喜親人，經訓練後可上手，因此是廣受歡迎的「陪伴鳥」（Companion Bird）※。

鳥的身體構造跟人類差異極大，例如喉嚨處有著被稱為「嗉囊」的儲藏袋。文鳥在吃東西時完全不咀嚼，只會整個吞下，因此食物在進到胃裡之前，必須先在此處浸泡軟化。此外，文鳥有4根腳趾，前3後1，用來抓住棲木或步行。

文鳥的視力極佳，能看見人類所無法辨識的紫外線，並可細膩地辨別顏色。聽力與人類相去不遠，由於需透過叫聲和同伴溝通，因此能敏銳捕捉聲音。據說文鳥

※除了站到飼主手上玩耍等單純鑑賞功能之外，還很喜歡與人交流的鳥兒。

文鳥的特徵

體型雖小，卻具備出色的視覺及聽覺等能力。

【個體差異】

成鳥平均身長為13～15㎝，體重為22～33g。雄鳥與雌鳥的體格及羽色沒有太大差別。

→品種介紹請見p.30

【感覺受器】

視力相當優異且能辨色。聽力範圍比人類廣，但辨聲能力則與人類差不多。

【體型大小】

文鳥是雀形目的鳥類，身形比麻雀大上一圈，但在全體鳥類當中仍算小型。

飼養重點

每日檢查不可或缺

就人類看來文鳥雖然很小，身體狀態和體重卻跟人類一樣有著個體差異。請務必經常確認文鳥的成長狀況和體態，每天都檢查才能察覺異常變化。如果覺得有點擔心，就要前往醫院請教醫師，讓文鳥的健康保持在最佳狀態非常重要。

的味覺不太出色，但也有不少文鳥會對飼料挑三揀四，或者只吃喜歡的飼料。當文鳥食慾旺盛時，身體看起來會很健康，不過一旦累積過量脂肪、處於肥胖狀態，就可能導致生命危險。一定要多多注意，餵食量不可超過實際需求。

注意營養均衡，養成規律的生活習慣

吃飯和睡覺

生活主軸是吃飯和睡覺，兩者都必須營造規律的步調。

【吃飯】
- 1天更換1次飼料和飲水
- 主要餵食「帶殼的鳥食」即可
- 副食品如青菜、貝殼粉、水果等→參照p.61、p.62

主食

種子

滋養丸

副食

青菜

水果

【睡覺】
- 睡眠時間約8～12小時
- 就寢時間為19～21點左右
- 跟人類一樣，睡眠不足就無法消除疲勞，並可能導致生病→參照p.68

學會基礎的養育方法

文鳥所吃的飼料，除了穀物和種子等主食外，還有青菜、貝殼粉及水果等副食品。餵食的時候一定要注意營養均衡。另外還有稱為滋養丸的混合飼料，內含均衡的營養成分，如果餵食滋養丸，就不需要再提供青菜或以磨碎牡蠣殼製成的貝殼粉。不過也有一些文鳥不太喜歡吃滋養丸。

睡眠的部分會受飼主家中環境所影響。文鳥原本的習性是日落而眠，但被豢養的文鳥在日落後依然精力充沛。若飼主白天會外出，也可以回家後再與文鳥接觸或放鳥出籠。不過，再晚也必須在22點左右用布巾蓋住鳥籠，讓文鳥養成良好的睡眠習慣。

文鳥的叫聲不大，算是比較能在集合住宅區飼養的鳥類。跟人混熟之後，就會

行為

搞懂文鳥的行為，就能更了解牠們的心情。想跟文鳥順利交流，一定要先知道這些事！

【活動】
- 基本上是白天活動
- 早上活潑，中午常放鬆休息
- 起床、洗澡、放風等生活習慣，偏好在固定時間進行

【叫聲】
- 音量不會太大
- 可愛的叫聲很有魅力
- 雄鳥出生1個月後，會開始練習求愛時的啁啾鳴唱

普通叫聲

文鳥平時的叫聲。確認同伴存在，或叫喚對方時會發出的聲音。

啁啾鳴唱

雄鳥向雌鳥求愛或守護地盤時會發出的聲音。

警告叫聲

用來威嚇對手。在憤怒或吵架時會發出的聲音。

以可愛的叫聲和身體語言來傳達自己的心意。文鳥會發出代表「看這裡」、「跟我玩」、「我想吃飯」等不同意義的鳴叫聲來吸引注意及表達欲望。若飼主也能發出相同的叫聲或回應需求，文鳥就會感到安心。

飼養重點

不可直接添加新的飼料！

飼料不可以用添加的方式補充，必須把容器中的舊飼料全部換掉。文鳥吃飼料時會剝殼，因此就算飼料盒還很滿，也可能全都是殼。若留下舊的飼料，衛生方面也堪慮。在特定時間更換飼料，還能順便了解文鳥的進食量，作為管理健康的參考指標。

雄鳥天真而神經質，雌鳥同時擁有冷酷及深情的兩面

辨別雄雌的參考表

＊以肉桂和銀文鳥等品種的羽色為例（參照 p.30）。

＊雄鳥和雌鳥很難辨別，個體差異也很大，此表僅供參考。

	雄鳥	雌鳥
鳥喙	曲度強勁且立體，偏紅、較厚，有光澤	線條偏直、顏色較雄鳥為淡，且較薄
眼圈	偏紅而粗	較不紅且細
眼睛	較大	較小
臉頰	羽毛較有膨度	羽毛較無膨度
羽色	較濃	較淡
腳趾粗細	較粗	較細
站立姿勢	接近站立	接近坐著
開腳方式	較為閉合	較為張開
鳴叫方式	啁啾鳴唱（求愛歌），躍動跳舞	呼叫的鳴叫聲

外觀難辨雄雌

雄鳥和雌鳥外觀相似且有個體差異，就算是文鳥行家也很難看出端倪。上表介紹了各種線索，提供給想盡量學習辨別的讀者參考。

雄鳥及雌鳥的差異，必須從比較身體各部位的尺寸得知，若彼此是兄弟姊妹，就更容易分辨了。但如果基因中同時混有體質健壯及虛弱的血統，恐怕會無從比較，難以區別。

雛鳥的性別極其難辨，幾乎不可能得出確切定論。在決定飼養文鳥時，請別抱持「一定要養雄鳥」之類的想法，不論養的是雄鳥還是雌鳥，和牠們相處的生活都充滿樂趣。假如還是希望辨識性別，可以從上方觀看，頭比較大的較有可能是雄鳥。店家剛剛進貨的雛鳥，每10隻約有6隻是雄鳥。若經常拜訪店家，在雛鳥數量多時挑選個頭較大的個體，就有可能買到

雄鳥、雌鳥各有不同的特徵與魅力

雄鳥和雌鳥皆有許多獨特優點，
不論養哪一種，生活都會充滿樂趣。

【雄鳥】
會又唱又跳來表達愛意，可以欣賞到別具文鳥風格的叫聲及姿態。
天真，有較神經質的一面。
有時具有攻擊性，也可能會變得討厭人類。

【雌鳥】
總是守在飼主身邊。散發小鳥依人的氣息，姿勢優美且可愛。非常深情，一旦喜歡上飼主就會愛到最後一刻。
有時看起來比較冷酷，難以理解其內心想法。
如果太過喜愛飼主，可能會發情產下未受精卵。

雄鳥。假如想要雌文鳥，則可選擇體型較小且精力充沛的個體。

飼養重點

個體差異受遺傳因素極大的影響

文鳥的體型大小多與親鳥的體型有關，較大的父母傾向生出較大的雛鳥，並會越養越大隻。與此相反，生來就體型嬌小，或在雛鳥時期曾經生病的文鳥，體重常低於成鳥的平均體重22～33g，即便長成成鳥，有時也只有18g左右。

文鳥的一天及其生態

必須維持每天固定的生活節奏

早

文鳥

【睡醒】

約6～8點時會醒過來。文鳥是日行性鳥類，沐浴陽光可調節並維持荷爾蒙的平衡。

【早餐】

文鳥會吃早餐，要餵新鮮的食物喔！

【整理羽毛】

悠閒的午間時刻，文鳥會仔細打理身體。牠們很愛乾淨，整天頻繁地整理羽毛。

【放風】

將文鳥從鳥籠放出來自由飛行的時間。

飼主

取下鳥籠蓋布
將蓋布拿起來，使鳥籠能照到陽光。

清理鳥籠
務必每天更換籠底紙。

準備早餐
清洗容器，更換飼料和飲水。每天只要換1次飼料就OK了。

檢查身體狀況
在清理鳥籠及更換飼料時，記得檢查糞便的狀態等。→參照p.87

配合日出日落活動的鳥兒

文鳥是日出而起、日落而眠的日行性鳥類。在照顧時尤其重要的一點，就是規律的生活節奏。起床時間約為6～8點，入睡時間則落在19點～21點之間。如果要文鳥配合飼主的生活習慣，一起熬夜或太晚起床，可能會造成文鳥荷爾蒙失衡而導致生病。白天到傍晚是文鳥積極活動的時段，記得定個時間陪牠們玩耍，說說話或放放風，跟文鳥接觸交流。

照料方式會因飼主白天是否在家而異。假如白天會出門，請充分留意飼料、飲水及溫度等，在回到家前不能短缺或發生差錯。

文鳥偏愛熟悉習慣的生活，對異於平常的事物會感到緊張，因此若環境或生活習慣急遽變化，會對文鳥造成壓力。在某種程度上配合飼主的生活節奏是沒問題

中

【洗澡】

中午氣溫升高，很適合洗澡。文鳥非常愛洗澡，如果飼主中午在家，就讓牠們洗個澡吧！

【吃飯】

文鳥整天都會隨心所欲地啄食飼料。假如沒有太胖，讓文鳥自己決定進食量即可。

準備洗澡
準備澡盆，或使用廚房等處的水源。如果飼主中午不在家，也可以在籠中常設澡盆。

準備放風
在跟文鳥互動的時間裡，請全心全意地陪牠們盡情玩樂。

晚

【溝通】

若飼主白天不在家，文鳥會一直等待飼主歸來。回家後記得對文鳥說說話，或放牠們出籠，跟文鳥互動一下。

【就寢】

在20～21點左右就要讓文鳥就寢。

溝通
如果白天會外出，就等傍晚之後再放文鳥出來吧！記得把手洗乾淨，以免將外面帶回來的病菌傳染給文鳥。

準備鳥籠蓋布
盡可能在20～21點左右，最晚22點前就要蓋上布巾使鳥籠內變暗，養成文鳥良好的睡眠習慣。

的，但請盡可能保持特定步調。用心營造規律的生活，讓文鳥的每一天都過得健康愉快吧！

飼養重點

生活習慣要取得平衡

幫文鳥養成規律的生活節奏固然重要，但在安排時間表的時候，還是要配合飼主的生活型態，別太過勉強。例如：若回家時已是晚上，養成在夜裡放風的習慣其實也沒關係。唯一必須注意的，就是絕對不能讓文鳥太晚睡覺！

一整年的生活週期

脆弱的繁殖期及換羽期，必須以不同方式對待文鳥

文鳥與四季

春

特徵

通常是換羽期

注意要點

涼颼颼的日子依然很多，

要注意氣溫變化

夏

特徵

通常是非繁殖期

要常常洗澡

注意要點

適宜溫度在30℃以下

太熱的天氣要開冷氣以防中暑

秋

特徵

通常是繁殖期

注意要點

留意室溫變化

尤其病鳥和老鳥，要用保溫燈保暖

注意別過度乾燥

冬

特徵

通常是繁殖期

注意要點

留意室溫勿過低

尤其病鳥和老鳥，要用保溫燈保暖

注意別過度乾燥

身體狀態會隨季節變化

文鳥會以一年為循環，進行繁殖及換羽。每年9月左右進入繁殖期，文鳥會變得較有攻擊性，呈現坐立難安的模樣。雄鳥脾氣會變得粗暴，容易跟其他文鳥吵架，或用力啃咬飼主。雌鳥就算只有自己1隻，也可能發情產下未受精卵。未受精卵不會孵化，但會消耗雌鳥的體力，此時飼主的首要之務在於避免和雌鳥過於親近，以免誘使牠們發情，增加卵阻塞發生的風險。

繁殖期結束後，便慢慢進入換羽期，全身上下的羽毛會逐步替換成新的。此時文鳥會食慾不佳，並且變得比較神經質，記得要給予溫柔的呵護。

飼主必須在各階段改變對待文鳥的方式。繁殖期的文鳥在出籠放風時，有時會鑽到衣服、毛毯和抱枕下方，為了避免在

文鳥的生活週期

繁殖期

期間
9月左右～5月左右

特徵
發生於6個月～5歲
大多數文鳥在日照時間變短後，就會進入發情期
雌鳥與雄鳥的體重都會微幅增加

注意要點
脾氣會變暴躁
注意別讓雌鳥產卵
放風時要注意文鳥的蹤跡

平常時期

期間
6月左右～9月左右

特徵
既非繁殖期，也非換羽期
氣溫較高、身體狀況也較穩定
性情最溫和的時期

注意要點
讓文鳥安穩生活
避免造成壓力

換羽期

期間
3月左右～6月左右

特徵
全身羽毛脫落，長出新羽毛
會消耗體力
有時顯得緊張
需要大量營養
年輕文鳥換羽速度較快，老鳥則花較長時間

注意要點
要特別注重營養均衡
有時會生病，需確實做好健康管理
若生活不規律，可能使荷爾蒙失調，導致一年換羽數次（原本應為每年1次）

不知情的狀況下壓到文鳥，一定要關注文鳥的一舉一動。假如雌鳥有產下未受精卵的可能，就要每天更換放置鳥籠的地方等，讓文鳥處於不安穩的狀態。換羽期會消耗體力，為避免維生素及鈣質等營養不足，除了平時的飼料外，可再加餵換羽期專用的維生素補充劑。

飼養重點

季節更迭時要注意

換季時氣溫會急遽起伏，就算只是一個晚上下降5℃，文鳥也可能因此送命。如果文鳥膨起羽毛，就代表牠們覺得冷。當氣溫可能下降時，記得打開保溫燈。此外，在大掃除開窗或關掉空調時，也都要特別注意室溫。

雛鳥處於敏感狀態，要用心管控溫度

各週齡的特徵

週齡	特徵
0～1週齡（出生後1～14天）	還沒長羽毛 出生約10天後會張開眼睛
2週齡（出生後15～21天）	從這個階段開始被送到寵物店 長出羽毛中軸 鳥喙和腳趾會動 幾乎所有時間都在睡覺
3週齡（出生後22～28天）	羽毛長齊 開始練習啄食飼料 能走路和跳躍
4～5週齡（出生後29～42天）	能飛 會洗澡 雄鳥開始練習啁啾鳴唱 能站立在棲木上 鳥喙、眼睛周圍的眼圈轉為粉紅色 開始進入學習期

配合成長來照顧文鳥

若是第一次養文鳥，建議不要選擇太幼小的雛鳥。因為剛出生不久的雛鳥非常脆弱，對新手來說很難照顧。但若想培育「手玩鳥」等非常親近人類的文鳥，則必須在文鳥尚小時，就讓牠將自己視為夥伴，雙方未來的關係才會順遂。第一次飼養文鳥的人，假如是向寵物店或繁殖商購買，建議選擇約4～5週齡的雛鳥會比較理想。

雛鳥會以驚人的速度日日成長，照顧的方式也必須隨之改變。可以參考上方表格，採取最適合雛鳥的對應方法。

無法將雛鳥順利養大的情況，多半都是沒有適度保暖所致。

在羽毛長齊之前，必須維持在約32℃；會飛之後則要保暖在約28℃。雛鳥對氣溫及濕度極其敏感，若低於這些溫

各週齡的飼養注意要點

0～1週齡

由親鳥養育

只要親鳥沒有放棄育幼，就讓親鳥親自養育。

若不得已需由人工照顧，最少每隔約1小時就必須餵食。

2週齡

盡量不要觸摸

一天餵食6～7次粉末食物。→關於飼料參照p.57

除餵食以外的所有時間都要靜置於暗處，切勿干擾。

溫度須維持在約30～32℃。

3週齡

開始練習啄食飼料

一天餵食約6次蛋黃粟。

設定每天約1小時的明亮時間，讓文鳥做日光浴。在盒中放入小米穗，使牠們練習自行進食。→關於飼料參照p.57

4～5週齡

會飛

一天餵食約5次蛋黃粟。

準備小米穗和成鳥用飼料。→關於飼料參照p.57

開始洗澡和啁啾，對其他雛鳥在做的事情感興趣。

度，雛鳥可能會即刻喪命，因此請多加留意、管控環境。備妥竹籃等用具，在下方放置保溫燈，側邊則放濕毛巾，再用塑膠箱等整個包覆起來，這些準備都是必要的（雛鳥用箱→參照p.56）。

飼養重點

在學習期養成習慣

幼鳥期會一直持續到8～9週齡為止，之後就會換羽長出成鳥羽毛。這段時間是學習期，很適合記憶各種事物。假如想將文鳥培育成手玩鳥，最好在此期間學習。只要別錯過學習的黃金時間，文鳥就能夠活得開心又長壽。

文鳥的一生②（出生後43天～老鳥）

能否確實接納飼主，取決於出生30天過後

各週齡及長大後的特徵

週齡	特徵
6～7週齡（出生後43～56天）	能自行進食 有些文鳥仍需人工餵食
8～9週齡（出生後57～70天）	雛鳥開始換羽 變得神經質
10～11週齡（出生後71～84天）	雛鳥換羽接近尾聲 容易疲憊 幼鳥的學習期結束
亞成鳥（至出生後半年為止）	雛鳥換羽結束 身體構造幾乎與成鳥相同 性成熟期來臨
成鳥	到約6歲為止 是精力充沛的時期 繁殖適齡期（到約5歲為止）
老鳥	從約7歲開始 飛行能力減弱 腳力減弱

開始進入尋找夥伴的時期

從6週齡左右開始，文鳥已經能自己吃飼料，不再需要人工餵食了。此時記得放入蛋黃粟、帶殼飼料和小米穗等，藉以激發文鳥的好奇心，就算牠們還不知道怎麼吃，之後也會漸漸學會進食。

從約8週齡過後，文鳥會開始換羽，長出成鳥的羽毛。文鳥開始換羽後會變得神經質，且頻繁理羽。此時的行為舉止更像成鳥了，行動也變得活躍。

文鳥出生約60天後，會開始尋找夥伴。在此之前，牠們都將飼主視作父母來依賴，但從這個階段開始，則會越來越需要夥伴。如果這時飼主能夠溫柔地對待文鳥，就會被牠們視作夥伴；一旦文鳥熱愛飼主，就會成長為願意站在人類手上的手玩鳥。文鳥日後是否會和飼主親近，可說取決於這個時期也不為過，因此慎重照顧

各週齡及長大後的注意要點

6～7週齡

學會自行進食

此時文鳥會對初次見到的東西心生恐懼，因此要留意周遭環境。會開始自行進食，但若還不熟練則無須勉強，可繼續人工餵食。

8～9週齡

雛鳥開始換羽

改吃成鳥飼料，同時也是自我及性格成形的時期。荷爾蒙會產生變化，因此可能變得神經質。

10～11週齡

大幅接近成鳥的時期

已具備良好的飛行能力，一飛出鳥籠就會探索空間。活潑好動，對各式各樣的事物都會產生興趣。

亞成鳥

用成鳥的方式對待牠們

對飼主的認知從「父母」轉變為「夥伴」。開始產生地盤意識。

成鳥

跟飼主過著充實生活的時期

更熟悉如何與飼主互動，且能做到更多事情的時期。在一年的循環之中，約處於繁殖期剛開始的時候。

老鳥

從7歲開始就是老鳥

飛行能力及腳力變弱，姿態也跟年輕時不同。不再發情，內臟機能和免疫力都會下降。

是很重要的。請對文鳥說說話、一起玩，與牠們積極互動交流、增進感情。倘若大發雷霆或用手指比劃，就會被解讀成「討厭的傢伙」，文鳥將從此不願與人親近（文鳥喜歡的習慣→參照p.78）。

飼養重點

替文鳥留下記錄

建議記下文鳥的體重與飼料用量等，當成每天的成長足跡（→參照p.86）。到12週齡為止，盡量每天這麼做，從那之後也要盡可能勤做記錄。當文鳥身體狀況不佳、必須看病的時候，帶著記錄前往醫院，就能盡早判斷病症並加以處置。

外觀及特徵皆因品種而異

銀文鳥 →p.35

淡淡的灰底色澤，在變色文鳥中屬於較強壯的品種。

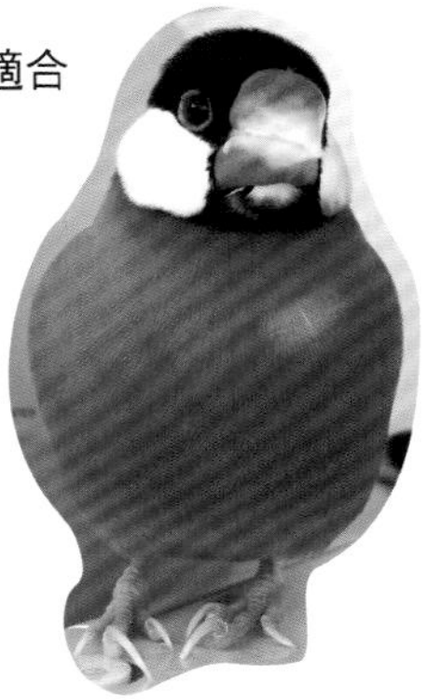

櫻文鳥 →p.32

身強體健的品種，非常適合初次飼養文鳥的新手。

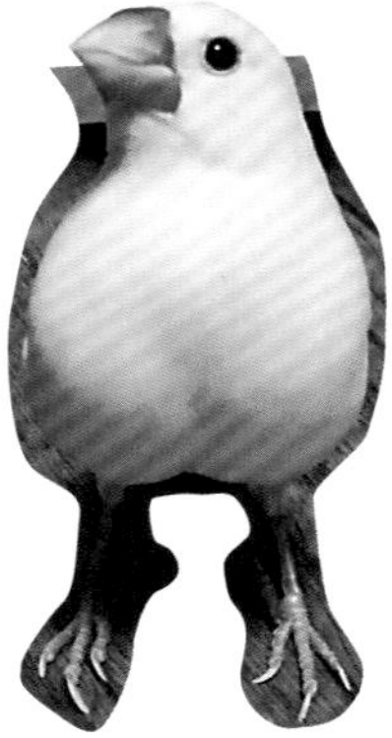

白文鳥 →p.33

純白模樣極具魅力，強壯好養。

普遍
（經常可見）

肉桂文鳥

→p.34

淺咖啡底色、色澤柔和的品種。

文鳥的外觀會受色素有無左右

一直以來，文鳥的品種改良主要都在歐洲進行。是否帶有色素，將會對整體色澤造成不同影響，進而產生變色品種。例如：肉桂文鳥缺乏黑色素；銀文鳥則因缺少茶色系色素而呈現較淡的色澤。

此外，文鳥各品種之間雖有體質差異，體格上的差距卻比其他動物來得小。

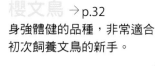

強壯
（好養）

普通文鳥 →p.37
接近野生種，特徵是羽色鮮明。

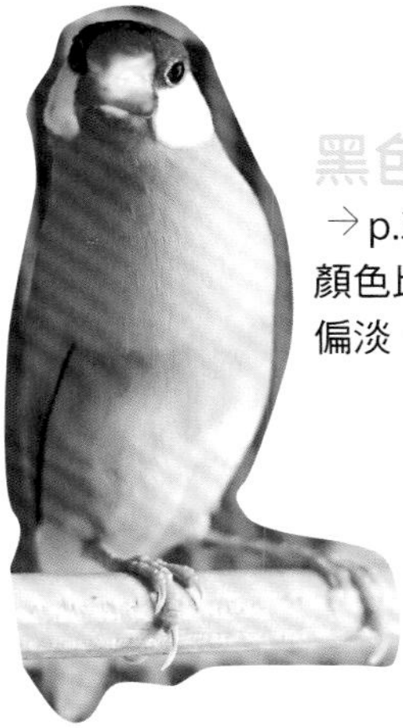

黑色淡化文鳥
→p.39
顏色比普通文鳥協調且偏淡，較為強壯。

珍貴
（少見）

奶油文鳥
→p.36
數量較少，有時會碰到體質不佳、不好養的情況。

瑪瑙文鳥→p.39

紅眼白化文鳥
→p.38
非常罕見的紅眼品種，某些個體的體質稍微虛弱。

虛弱
（難養）

像個淘氣鬼
可愛的黑頭文鳥

櫻文鳥

☑體色
- 身體…灰底
- 頭部…黑
- 尾羽…黑
- 肚子…淡葡萄色
- 頭或胸口處參雜白毛
- 臉頰…白
- 眼睛…黑

☑特徵
- 顏色接近野生種
- 數量眾多
- 強壯好養

☑標準價格
約2,000～3,500日圓

雛鳥

對新手來說也很好養的標準品種

櫻文鳥跟白文鳥都很強健，對新手而言是非常容易上手的品種。

櫻文鳥接近野生種，色彩分布很有文鳥的氣息。底色跟普通文鳥相同，身體呈灰色，頭部和尾羽呈黑色，肚子部分則是葡萄色。特徵是頭部或胸口會參雜白毛，這種白毛看起來就像櫻花，因而成了櫻文鳥的命名由來。白毛極多的文鳥，肚子部分經常也是白的。櫻文鳥是為數眾多、價格也很穩定的品種。身體健壯、非常好養，很適合毫無經驗的新手。只要鳥喙下方或胸口處長了一點點白毛，就會被歸類為櫻文鳥而非普通文鳥，不過在雛鳥時期其實相當難辨。

白文鳥則正如其名，是全身白色的品種，在日本也被稱為「Haku」或「Shiro」（皆為日語中「白」的讀音）。黑色眼睛與全白身軀相互輝映，對比色彩十分引人矚目。白文鳥是從白毛較多的櫻文鳥所配出來的品種，當中也有帶

純白身軀搭配紅色鳥喙
是最迷人之處

白文鳥

☑體色

・身體…白底
・頭部…白
・尾羽…白
・肚子…白
・臉頰…白
・眼睛…黑

＊在雛鳥～2歲期間，某些個體的背部會有灰羽。

☑特徵

・成長為成鳥後會整隻變白
・數量眾多
・強壯好養

☑標準價格

約2,500～4,500日圓

雛鳥

較多灰色的個體。特別是從雛鳥到2歲左右的白文鳥，背部的某些地方可能會有灰羽，不過通常會隨年紀增長而轉白。白文鳥跟櫻文鳥一樣強壯好養，適合毫無經驗的新手。灰色毛特別多的雛鳥，生命力通常很強。

文鳥小知識

愛知縣彌富町是有名的文鳥之鄉

幕末時期於尾張藩擔任公職的大島八重，利用在藩內取得的一對文鳥配出了突變的白色文鳥。他用心養育這隻原本相當虛弱的文鳥，並且加以繁殖，使「彌富町」成了文鳥之鄉。明治時代，彌富文鳥組織成立之後，此地便以白文鳥發祥地聲名大噪。

※價格為2016年8月時的參考金額。

烘焙點心般的褐色
可愛到你不要不要的

肉桂文鳥

體色

- 身體…淡茶色底
- 頭部…稍濃的茶色
- 尾羽…稍濃的茶色
- 肚子…由淡至稍濃的茶色底
- 臉頰…白
- 眼睛…紅

特徵

- 視力偏弱
- 只要溫柔對待，就會變得很愛撒嬌
- 膽小，容易變得神經質

標準價格

約5,000～8,500日圓

缺乏色素的變色品種要注重健康管理

肉桂文鳥和銀文鳥都是淡色系的超人氣品種。兩者皆為普通文鳥羽色中欠缺部分黑色素而誕生的類型，在1970～80年代便已成為歐洲地區的固定品種。

肉桂文鳥是普通文鳥欠缺真黑色素（Eumelanin）而生，羽毛為茶色系，眼睛為紅色。據說由於缺乏能夠阻絕光線的黑色素（Melanin），眼睛不堪光線照射，視力因而偏弱。這是文鳥首見的變色品種，最初出現於荷蘭，在歐洲被稱為「Fawn」。「Fawn」有幼鹿的意涵，用來形容其淡茶色的色調。

銀文鳥則是缺乏茶色系的褐黑色素（Pheomelanin），整體呈灰色，眼睛為黑色。另外還有一種顏色更淡，被稱作「淡銀」的品種，某些個體在雛鳥時期的顏色會顯得更淡。

肉桂文鳥和銀文鳥的羽色都是因基因異常而生，因此比起櫻文鳥和白文鳥，在健康層面上較顯虛弱。尤其肉桂文鳥的雛

紅與灰相映成趣
超人氣的美麗品種

銀文鳥

☑體色
- 身體…灰色底
- 肚子…偏白
- 臉頰…白
- 眼睛…黑

☑特徵
- 色澤濃淡差異大
- 是最健康的變色品種
- 野性較強
- 有些雛鳥在餵食上會比較辛苦

☑標準價格
約7,500～12,500日圓

雛鳥

文鳥小知識

早從雛鳥開始 就看得出品種差異

剛出生的雛鳥還沒長出羽毛，但還是能大略辨別品種。例如櫻文鳥和白文鳥，鳥喙有色素的就是櫻文鳥，沒有的則是白文鳥。至於羽色，也能從雛鳥身體顯露出來的顏色判斷。櫻文鳥的臉頰在幼鳥時是茶色，長大後則會轉白。

鳥，在幼鳥時期容易發育遲緩。若能平安養大為成鳥，美麗的色澤便會長相伴於我們左右。

淡奶油色配上
透亮的紅色眼眸

奶油文鳥

體色
- 身體…淡奶油色
- 頭部…淺茶色
- 肚子…淺茶色
- 尾羽…淺茶色
- 眼睛…亮紅

特徵
- 整體來說紅色素較少
- 成長為成鳥後，仍可能行動緩慢
- 容易有較虛弱的現象

標準價格
約8,000～15,000日圓

雛鳥

最新色調的奶油文鳥&色澤近野生種的普通文鳥

奶油文鳥是以肉桂文鳥為基礎，進一步淡化而成。這種淡色調的文鳥受到廣大歡迎，在1990年代成為英國的固定品種。奶油文鳥的體質偏弱，壽命比其他品種都短，因此飼養時必須多加留意，即使長成成鳥也可能動作緩慢。就跟變色的肉桂文鳥一樣，毫無經驗的新手要飼養雛鳥會比較困難。由於數量非常稀少，如果想養奶油文鳥，可能必須到經手此品種的店家先行預約。

普通文鳥的色調很接近野生種，但並非野生種。野生文鳥的胸與背部呈灰色，頭和尾羽呈黑色，肚子部分為葡萄色；而普通文鳥的色調則對比鮮明，令人產生強烈的印象。過去日本曾大量進口在印尼捕獲的野生文鳥，如今在保護物種的華盛頓公約限制之下，捕捉及進口皆已受到禁止，因此雖然相當受歡迎，野生文鳥卻已

近似野生種的深色系
對比鮮明魅力十足

普通文鳥

☑體色

- 身體…灰色底
- 頭部…黑
- 尾羽…黑
- 臉頰…白
- 喉嚨…黑

☑特徵

- 配色接近野生種
- 臉頰附近的線條粗而明顯
- 在寵物界極為罕見

☑標準價格

約2,500～3,500日圓

雛鳥

變得極其少見。和野生種相近的普通文鳥亦非常稀少，且許多感覺像是普通文鳥的雛鳥大多成長為櫻文鳥，所以幾乎所有雛鳥都被當成櫻文鳥來販賣。

文鳥小知識

文鳥早從江戶時代就備受寵愛

文鳥在18世紀初傳入日本。19～20世紀期間，日本透過中國等處，以每次數百隻為單位從印尼輸入了大量的野生文鳥。野生的文鳥警戒心強且不易繁殖，因此被依照日式排序法「上、中、並」，排到裡頭最低的地位，將之取名為「並文鳥」。文鳥在繁殖過後價格大漲，掀起了一陣文鳥熱潮。

白身紅眼
非常罕見

紅眼白化文鳥

體色
- 身體…全白
- 眼睛…紅

特徵
- 雙親都是白化個體
- 體質較虛弱

標準價格
約7,000～10,000日圓

雛鳥

數量稀少 適合專家飼養的 珍貴品種

在鳥店也不太有機會碰到

白化文鳥乍看之下很像白文鳥，實際上卻是因突變而不具色素的超稀有品種。

由肉桂文鳥白化而生的個體並不是白子（白化文鳥），而是派特肉桂。由於「派特」指的是近似白子的體質，所以也有「派特銀文鳥」、「派特奶油文鳥」等稱呼，這些文鳥都有著紅色眼睛，且體質孱弱。

黑色淡化文鳥與瑪瑙文鳥都具有極其優雅的淡淡色澤，相當受到歡迎，但瑪瑙文鳥的體質比較虛弱。

照料罕見品種時，必須在各方面多加費心，新手飼養起來可能會非常困難。購買前記得先做好安排，以便隨時都能向專家請教。

普通文鳥淡化而成
有著優雅的姿態

黑色淡化文鳥
（藍文鳥）

☑體色
· 身體…普通文鳥的配色整體淡化
· 眼睛…黑

☑特徵
· 變色品種，但體質並不虛弱

☑標準價格
約7,500～12,000日圓

美麗的淡淡配色
與深邃紅眸

瑪瑙文鳥

☑體色
· 頭部…肉桂色
· 身體…灰
· 眼睛…紅

☑特徵
· 原名「Agate」，意為瑪瑙寶石
· 深紅色的眼眸

不太像文鳥
全黑的臉頰真可愛

黑臉櫻文鳥
（櫻文鳥）

☑體色
· 身體…與櫻文鳥幾乎相同
· 臉頰…黑

☑特徵
· 櫻文鳥的暫時性變色
· 會隨著成長換羽，變成櫻文鳥

COLUMN

蒐集各種文鳥商品 1

喜歡文鳥的人，不論何時何地，都希望身邊圍繞著許多文鳥的日常用品。此處介紹的商品，全都充滿著對文鳥的愛，選擇你喜歡的小物來妝點生活吧！

開始跟文鳥一起生活之後，碰到文鳥造型的商品，就會忍不住多看幾眼。這裡介紹的每樣物件都很可愛，讓人想全部擁有。

戴在身上的配件、可以帶著走的吊飾等小物，會讓人感覺文鳥隨時都在身邊。質感輕柔的小玩偶，則能令人想起文鳥的嬌小身影。

雖說都是文鳥，每樣物件所呈現出來的神情與樣貌卻各有不同。試著找找跟家裡文鳥模樣相似的日常用品，用起來應該格外開心吧。

棲息著文鳥的牙刷固定架

這個牙刷架只要放上牙刷，看起來就像文鳥正棲息於上方。背面有吸盤，可以貼在牆壁或鏡子上使用，刷牙的時候一定會心情愉快！

[illegible]

可兼作裝飾品的便利首飾架

搭配櫻文鳥與白文鳥共2隻，非常適合用來收納耳環的首飾架。鳥籠部分附磁鐵，可以取下。

[illegible]
價格／1,700日圓＋稅
Yamato Net Service
雜貨屋事業部

如家紋般的花樣
雅致的日式長手帕

染成深藍色的長手帕。文鳥屋的店員說：「只要包在頭上、蓋住耳朵，說不定就能抵擋文鳥在成長期所發動的鳥爪攻擊！」

獨創文鳥手帕
尺寸／約90cm × [illegible]
價格／797日圓＋稅
文鳥屋

與食物合體
造型獨樹一格的吊飾

手工藝家mamimoon的作品。將文鳥融入質感真實的食物飾品中。由於太受歡迎，某些款式已經賣到缺貨。

[illegible]
價格／[illegible]
[illegible]
文鳥ロードショー

印有鳥兒豐富表情的
可愛便條紙

能夠羅列每天待辦事項清單的便條紙，內部共有2種圖案。有了文鳥和鸚鵡們的提醒，就不會忘記要做的事情了。

[illegible]
價格／200日圓＋稅
DesignPhil
Midori Company

將耳朵點綴得可愛無比的
文鳥臉耳環

手工藝家aietta以樹脂黏土製成的可愛小耳環，有針式和夾式可供選擇。

小文鳥針式耳環or夾式耳環（aietta）
尺寸／約0.8cm × 1cm
價格／1,389日圓＋稅（針式）、1,574日圓＋稅（夾式）
文鳥雜貨精選商店
文鳥ロードショー

櫻花枝上
有文鳥停駐

嬌滴滴的白文鳥有著櫻色臉頰，輕巧地停留在櫻花枝上。一件非常可愛的藝術作品，總覺得只要放在桌子上，工作就能有所進展。

櫻花枝白文鳥擺飾
尺寸／約長6.2cm × 寬2.5cm × 高3.6cm
價格／380日圓＋稅
鳥專賣店BIRDMORE

手心大的玩偶
俯臥姿勢魅力無法擋

手心大小的娃娃，擺出趴臥姿勢的白文鳥與櫻文鳥相當療癒人心。「小福疊疊樂」（のっけてまめ福）系列商品。把好幾隻疊在一起的話，可愛度會倍增喔！

小福疊疊樂／白文鳥、櫻文鳥
尺寸／長10cm×寬6cm×高5cm
價格／皆680日圓＋稅
隔壁的動物園

※商品視銷售情形，也可能無法買到。 ※採訪協助單位刊載於書末（p.125）

第二章
來養文鳥吧！

吃飯等
各種不同的
生活習慣

新手也能
學會的
對待方式

溫度和
濕度等
環境管控

跟我一起生活
要先學會這些事情喔！

本章將介紹開始飼養文鳥後，
因應各成長階段的養育方式和共同生活所需的資訊。
只要透徹理解各項注意要點及發生問題時的處理方式，
就能一起度過更舒適愉快的時光！

想養文鳥時該怎麼做？

文鳥可愛深情，入手卻格外容易

購買場所

	好處	壞處
寵物店	・店家較多 ・可向熟悉動物的店員請教	・可能沒有販售文鳥 ・可能沒有專門負責文鳥的店員
鳥類專賣店	・文鳥品種較多 ・具備飼養方面的知識與經驗 ・必要的飼養道具齊全	・可能被店家強迫推銷，無法依個人意願做選擇
繁殖業者（繁殖者）	・較能看到實際的飼養情況 ・可先看網站介紹做判斷	・各繁殖業者的品質有落差
熟人朋友	・容易取得飼養上的相關知識與經驗 ・有擔心或疑問時，都能放心詢問 ・能幫忙接手沒人收養的文鳥	・送養者並非飼養專家
網路社群	・就算沒時間也便於搜尋 ・能幫忙接手沒人收養的文鳥	・送養者並非飼養專家 ・有時免費，有時需要報酬

準備更舒適的環境來迎接文鳥

取得文鳥的途徑有很多種，例如：向寵物店、鳥類專賣店、繁殖業者購買，或透過熟人、朋友及網路社群認養等。文鳥是較為便宜的寵物鳥，價格約在2000日圓到1萬日圓之間。考量到文鳥擁有近10年的壽命、會成為人生中的重要伴侶，再加上可愛迷人的程度，這個價格可算是相當便宜。不過正因如此，購買文鳥時記得別被價格所迷惑，要抱持著尋找適合伴侶的心態來選擇。而若是透過認養等，能免費取得文鳥的管道時，為顧及禮儀，或許可以回送金錢以外的禮品給對方。

在遇見屬於自己的「真命天鳥」前，必要的任務就是布置房間內的環境。一般而言，像文鳥這樣的小型鳥不能跟貓咪養在一起，處於同一個房間更是萬萬不可。有些人認為，經過適當調教的狗兒應該不

CHECKLIST

迎接文鳥前的必要事項

☑ 時間

**生活
是否規律？**

文鳥必須每天在特定時間做特定活動，睡覺的時間也都一致，假如被飼主強迫配合不規律的生活，健康就會出問題。文鳥就寢的時間，一般約在20～21點左右。

☑ 環境

**有無
危險物品？**

像廚房等整天溫度會劇烈變化的地方，或玄關及走廊等空氣對流強的場所，都不適合放置鳥籠。此外，為了放風時的安全，銳利物品、文鳥可能墜落的深溝、化學藥品和化妝品等危險物品都要撤除。

☑ 金額

飼養用具及飼養過程要花多少錢？

文鳥本身雖然便宜，但若要從雛鳥開始養，就會需要保溫燈、飼養箱、溫度計、飼料，以及成鳥用鳥籠等，初期費用就會超過2萬日圓。此外，還必須加上每個月的空調費及飼料費等。

☑ 醫院

**找好
動物醫院了嗎？**

新手就算觀察也無從得知雛鳥的身體狀況，假如等到文鳥不吃飯才開始找醫院，有時已經太遲了。能夠對鳥類進行深入診斷的醫院不多，可先在距離自家2小時車程以內的範圍尋找。

會出問題，但是當飼主不在場時仍須特別留意，特別是大型犬，要小心接觸時可能引發意外。對文鳥而言，放風（放出籠，在房間自由飛行）是絕對必要的活動。在放風之前，一定要再次檢查室內環境及房間擺設，確認是否已消除危險因子。

飼養重點

適合新手的品種和季節

櫻文鳥是公認較為健壯的品種，因為遺傳基因的關係，母鳥一次產下的雛鳥較多，價格比其他品種便宜，因此受到許多人喜愛，也很適合新手飼養。每年9月到隔年5月是文鳥的繁殖期，店家多半都會販售雛鳥，但從冬季開始飼養難度將會提高，帶文鳥回家的季節以春季或秋季為佳。

飼養多大的文鳥比較好？

第一次養，最好選擇出生3週後的雛鳥

雛鳥（出生後2～3週）

優點

- 能看見文鳥稚嫩的模樣，對飼主的情感也會較深厚
- 未來可能願意站在飼主手上

缺點

- 非常脆弱，最難養育
- 剛開始的第一個月，必須每天餵食及整理環境6次
- 此時幾乎沒有羽毛，難以判斷健康狀態

中型雛鳥（出生後4週）

優點

- 最適合新手
- 快的話，已經開始自行進食
- 正值學習期，容易培養互動的習慣
- 未來可能願意站在飼主手上

缺點

- 還是得人工餵食（完全自行進食要等滿1個月之後）
- 從親鳥獲得的免疫力減退，容易感染疾病
- 須注意保暖

難度　高 ↔ 低

1個月　4週　期間

初學者較好飼養的年齡

要迎接多大的文鳥，必須經過一番充分考量。站在手上、停在肩膀上、一起玩……倘若要實現這種理想中的互動生活，建議從雛鳥開始養起。文鳥的繁殖期約從每年9月到隔年5月，因此寵物店等處的雛鳥，通常會在秋季或春季時亮相。

若能從稚嫩的雛鳥開始飼養，文鳥就會將飼主當成父母，最終則會視作夥伴。但若毫無經驗就飼養雛鳥，過程可能會非常辛苦。

初次嘗試的人比較建議選擇出生後超過3週的中型雛鳥，或出生後超過1個月、剛學會自己進食的自食雛鳥等，而非才誕生2～3週的雛鳥。由於不再需要餵食，雛鳥對人類的依賴程度會稍微降低，不過從此刻開始，直到成長為成鳥的期間，正是決定文鳥是否願意站上人手的關

自食雛鳥（出生後1～3個月）

優點

- 狀況較為穩定
- 不需要像雛鳥般細膩管控環境及照料
- 不必人工餵食，能自己吃飼料

缺點

- 較難跟飼主變得親密
- 換羽期會坐立難安，變得具攻擊性或神經質

成鳥（出生後約半年）

優點

- 飼養起來相當輕鬆
- 收養時若處於健康狀態，就容易長壽

缺點

- 必須堅持不懈，才可能訓練成手玩鳥
- 可能跟飼主不親
- 也許無法一起玩耍或溝通交流

半年　3個月

鍵學習期。從最適合的時期開始飼養，並努力增進彼此的感情，效果將會奇佳。

　假如是從成鳥開始飼養，要構築親密關係須花費許多心力。雖然這也會因文鳥的性格而異，但文鳥一旦成為成鳥之後，就很難對初次見面的飼主敞開心扉。飼養方面雖然輕鬆許多，但相對來說也較難互動交流。

飼養重點　從小養就一定親人是錯誤觀念

就算含辛茹苦、從雛鳥還沒張開眼睛就開始養育，一旦能夠自行進食，只要飼主稍微疏遠幾天，文鳥就會變得沒那麼親人。而且文鳥若對飼主的舉動感到害怕，也可能不願意站在飼主手上。這類文鳥比想像中還多，因此從能夠自食到成為成鳥的半年之間，溫柔對待牠們是最為重要的。

如何決定要養幾隻？

照料方式與距離感會因同時飼養的隻數而異

養1隻與養1對的各種優缺點

	優點	缺點
養1隻	・會跟飼主變成夥伴（假如從雛鳥或中型雛鳥開始飼養） ・能形成親密依賴關係，到哪裡都想黏在飼主身旁 ・可壓低花費的金錢與時間 ・不用煩惱文鳥之間是否合得來	・會捨不得讓牠自己看家（若已形成親密依賴關係，最好別放1隻長時間獨處） ・無法互相比較，難以掌握文鳥生態及身體狀況
養1對	・可從旁觀察、守護文鳥之間的關係與繁衍	・需要更多空間，鳥籠等需加大 ・2隻可能不會成為伴侶（若無法變成伴侶，可能必須分籠住） ・可能傳染疾病 ・文鳥可能因為彼此感情變好，而不願再站上飼主的手

建議新手先跟1隻文鳥建立親密依賴關係

文鳥用情至深，是會與夥伴共度一生的鳥類。若只養1隻，從學習期（幼鳥期）開始相處，讓文鳥對飼主投注深切情感，飼主就能成為文鳥的夥伴。這就是所謂的「親密依賴關係」，是文鳥與飼主間兩情相悅的狀態。建議第一次養鳥的飼主這樣做，相信將能全面感受到文鳥的可愛與美好。

同時飼養多隻文鳥，當然也有它的優點。正如前述，由於文鳥是深情的鳥兒，倘若兩隻文鳥結為一對情感和睦的伴侶，飼主其實也能從旁守護，不失為飼養文鳥的一種樂趣。然而，文鳥也有好惡分明的一面，因此即使養了一公一母，也未必就能成為伴侶。就算雄鳥喜歡雌鳥，有時也會演變成雌鳥喜歡上飼主的複雜三角關係。會產生這種情形，也算是文鳥擁有高

這樣的人……

比較建議養1隻

- 第一次養文鳥
- 能確實花時間和文鳥相處
- 希望集中心力在1隻身上，跟文鳥親密交流
- 旅行或返鄉時會想帶著文鳥
- 對自己的照顧能力沒有信心
- 希望形成親密依賴關係
- 希望文鳥能站在手上

比較建議養1對

- 想從旁觀察、守護文鳥們
- 家裡常常沒人（可避免文鳥孤獨沒伴）
- 有小孩（較難撥出時間跟文鳥親密相處）

智能及豐沛情感的一種特色。

在照料方面可以斷言，1隻絕對比2隻好養。建議新手先從1隻養起，享受親密依賴的關係，等習慣跟文鳥一起生活之後，再同時飼養多隻會比較好。

飼養重點

飼養多隻時需注意什麼？

雄鳥跟雌鳥未必會成為一對。有時雄鳥之間也可能產生戀情，或選擇飼主當作伴侶。文鳥是擁有強烈地盤意識的鳥類，就算牠們之間無法和睦相處，也請好好愛護牠們。假如合不來的程度很嚴重，放風時請務必錯開時段或房間。

飼養之前的準備

設置飼育用鳥籠與必要用具

迎接文鳥前要先布置鳥籠內部

要迎接文鳥到來，就得準備好文鳥的家——鳥籠。此處的說明將以成鳥為例。

若只住1隻文鳥，選擇約35cm×40cm的鳥籠較為適合。文鳥相當敏感，因此要避免使用過於古怪的形狀。基本用具有飼料盒、插菜桶、水罐、澡盆與棲木等。幼鳥和老鳥需要能維持溫度的保溫燈，為此也必須設置溫度計及濕度計。別忘了睡覺時蓋在鳥籠上的布巾，請選擇遮光性強、不會因保溫燈而燃燒的不易燃製品。

棲木有各種型態，一般以直徑12mm左右的較適合文鳥，文鳥適用的鳥籠，都會附有這個尺寸的棲木。外觀接近天然木頭的類型可以刺激鳥爪，雖說對健康有益，但也可能使文鳥恐懼失控，要視情況安裝。若能擺放出不同高度，文鳥就可以在棲木間跳躍往返。此外，預留能展開雙翼的空間也非常重要。

活潑好動的文鳥必須多多費心

若碰到會打翻容器的活潑文鳥，就比較適合使用陶製飼料盒或澡盆。假如是從雛鳥開始飼養，把牠小時候喜歡的玩具一起放進鳥籠，效果也不錯。

文鳥小知識

對鳥類過敏的檢查

雖然可以去醫院檢查是否對鳥類過敏，但並沒有針對文鳥的檢測。檢查項目會依鳥種來區分，過敏反應也各不相同，日本的檢測共有虎皮鸚鵡的羽毛、虎皮鸚鵡的糞便、雞的羽毛、鴨子的羽毛、鵝的羽毛、鴿子的糞便等6種。擔心自己對鳥類過敏的人，可以接受檢測作為參考，不過得出結果後請向醫師詳細請教。

鞦韆

擺動的鞦韆，可解決運動不足的問題，許多文鳥連睡覺時也會使用。但也有文鳥討厭鞦韆，請多注意牠們的習慣。

水罐

香蕉型水罐可減少水質變髒及蒸發，相當受到歡迎。記得安裝在從棲木就能方便喝到的位置。

飼料盒、貝殼粉盒

飼料盒要夠深，貝殼粉盒要比飼料盒小一圈。有些文鳥吃飼料時，會撒得到處都是，如果有翻倒飼料盒的情形，就要選擇陶製容器。

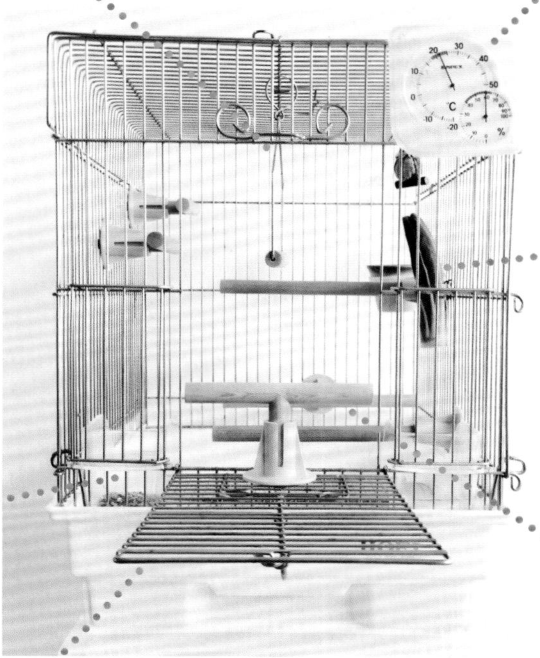

鳥籠

選擇約35cm×40cm的立方體類型。這是大小剛好、最能讓文鳥安心的尺寸。要用半圓或圓柱型的籠子也可以，不過考量到清掃和內部配置的方便性，還是立方體的比較好。

溫度計、濕度計

若是成鳥，以溫度20～28℃、濕度50～60%較為適合。寒冷季節若關掉房間裡的空調，就必須使用保溫燈。

插菜筒

倒入少許水，插點青菜。文鳥有時會把菜拔出來，所以請設置在鳥籠的上半部。

棲木

直徑約12mm的最合適。有樹枝質感的產品，也有塑膠製品，可依喜好選擇。要安裝成不同高度，並預留讓文鳥伸展雙翅的空間。

澡盆

如上圖的類型可放在鳥籠外，或安裝在鳥籠門上使用。也有放在鳥籠裡使用的陶製品。

布巾

文鳥睡覺時，必須用布巾把鳥籠蓋起來。記得使用遮光性強、不易燃的產品。市面上也有販售鳥籠專用的鳥籠布套。

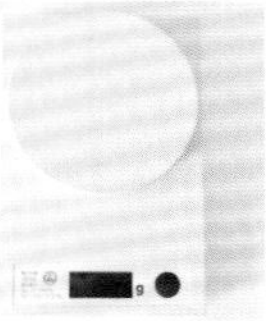

電子秤

文鳥的體重計，建議使用以0.1g為量測單位的廚房料理秤。測量時，將文鳥連同棲木一起放上去。

保溫燈

寒冷的冬天會需要加溫設備。記得安裝於鳥籠靠下方的位置，讓溫暖的空氣得以循環。

放置鳥籠的地方

鳥籠要放在不會讓鳥兒緊張、安穩且舒適的場所

把家裡的上等席留給文鳥

鳥籠要放在飼主最常停留的空間裡，一般而言，許多飼主都會擺在客廳。如果想在同一個空間放風，就要稍微寬闊些，最好有3坪以上。若是公寓的話，相信大多會養在客廳或餐廳，不過廚房對文鳥來說是危機四伏的地方，最好隔離開來，如果不得已無法做到，就必須在廚房入口安裝遮蔽布簾等。

將鳥籠放置在高度約1m的平台上，使文鳥位於人類的視線範圍內，而且一定要靠牆，讓文鳥能看到整個房間。另外，必須避開常因開闔導致起風的門邊，並留心別讓空調設備的風直接吹到鳥籠。

聲音及日用品的使用也要當心

文鳥對聲音相當敏感，因此鳥籠不能放在電視或音響附近。為了不讓文鳥的生活有壓力，要選擇既寧靜又舒適的位置。對鳥類而言，指甲油和頭髮定型噴霧等揮發性物質具有毒性，菸當然也絕對不行，而平底鍋等以氟素樹脂加工的烹飪用具，在大火加熱時所產生的氣體也很危險。另外，請保持空氣清新，若空氣品質太差就得經常通風，讓文鳥居住在空氣良好的環境裡。

飼養重點

養在套房裡時

文鳥是喜歡跟同伴待在一起的鳥類，所以如果養在套房等狹窄的空間內，對牠們來說反而是好事。但另一方面，這種空間裡也充斥著廁所、廚房及洗衣機等危險區域，放風時記得用布巾將危險物品蓋好，並且把做家事及跟文鳥相處的時間區分開來，盡量避開所有可能導致意外的因素。

用來飼養文鳥的空間

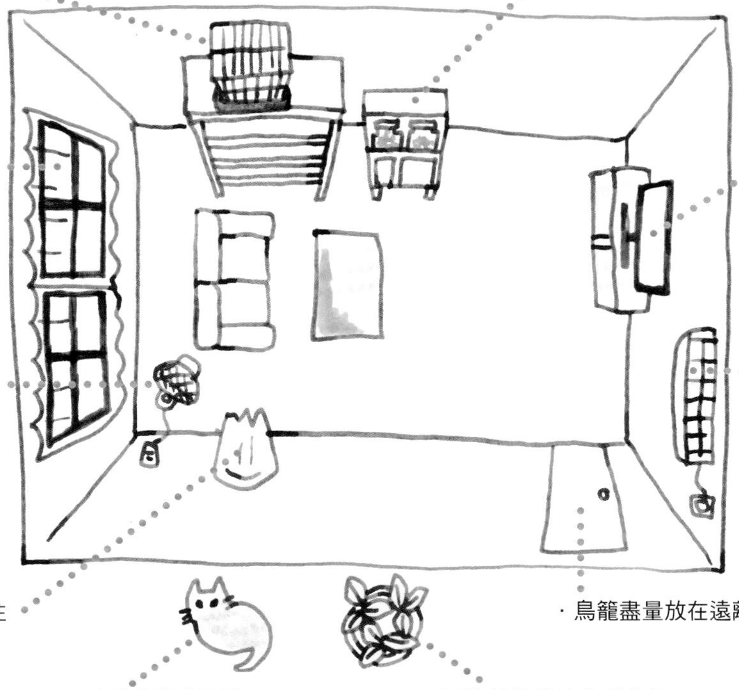

· 將鳥籠放在高度約1m的櫃子上方
· 跟人的視線差不多高
· 鳥籠需靠牆
· 鳥籠附近若有層架會很方便
（可放垃圾桶、衛生紙、庫存飼料等）
· 關上窗戶
· 放風時窗簾也要拉上
· 不能放在電視或音響附近
· 放風時電風扇要罩上防護套
· 不能直接吹到空調設備的風
· 最適溫度是20～25℃（冬季是20℃以上，夏季則是28℃以下），濕度維持於50～60%。
· 鏡子用布蓋住
· 鳥籠盡量放在遠離門的地方
· 不讓貓狗等動物進入房間
· 不能放觀賞植物或花朵
（文鳥在放風時可能會吃）

這些地方都不行！！

【NG 項目檢查表】

- ☐ 鳥籠位於房間正中央
- ☐ 鳥籠位於廚房內（或與廚房相鄰）
- ☐ 會直接吹到空調設備或電風扇的風
- ☐ 靠近電視或音響
- ☐ 房間沒有打掃
- ☐ 珠子等細小物品沒有收起來
- ☐ 使用指甲油或頭髮定型噴霧
- ☐ 使用防蟲劑或殺蟲劑
- ☐ 抽菸、放置香菸
- ☐ 房內照明過亮
- ☐ 日光直射
- ☐ 靠近門邊

跟文鳥一起生活的家人

避免與貓狗等其他寵物接觸

【高齡者】

・長輩容易踩到文鳥
→放風時要注意文鳥與高齡者間的距離

文鳥有鑽到坐墊和棉被裡的習性。爺爺一屁股坐到坐墊上，結果下面的文鳥就……也曾有過這種案例。高齡者視力不佳，就算意識到文鳥的存在，也很難瞬間避開。放風的時候，請務必確認文鳥的所在之處。

・飼主因年紀太大無法繼續飼養
→先找好能夠認養文鳥的人

文鳥可以存活將近10年。當飼主年事已高或壽命將盡，即便不願意，該放手的時刻仍會到來。記得事先找好能夠放心託付文鳥的對象。

注意要點

當身體機能隨著年齡衰退時，飼主有可能無法繼續照顧文鳥。如果養了許多隻，就必須加以控制，避免再增加數量。

・小孩會抓文鳥
→不在有小孩的房間放風

成功馴化的文鳥，對人類不具危機意識。假如被不會控制力道的小孩給抓到，可能導致不幸的結果。

注意要點

小孩精力旺盛地玩耍時不會注意細節，因此若讓孩子自由接觸鳥籠，將對文鳥造成威脅。

讓同為重要家人的文鳥安全過生活

文鳥和人類是對等關係。彼此既可能成為夥伴，也是一起生活的同伴。這樣的關係不僅限於文鳥與飼主之間，也擴及跟飼主共同生活的其他家人，也就是說，會被文鳥選作夥伴的不只飼主本人。如果只養一隻文鳥，且建立起親密依賴的關係，文鳥也可能因為嫉妒夥伴的丈夫或妻子而發動攻擊，因為牠們是用情極深的鳥類。

另外，文鳥也許會把家人依重要性排序。例如：飼主最重要，小孩第2名，爸爸排在最後面等。

家裡若有嬰兒或小孩，飼主在放風時務必多加留意，別讓雙方掛彩。而當飼主本身是高齡者時，則要事先設想好自己若發生必須住院之類的情況時，能夠將文鳥託付給誰。

文鳥以外的寵物又該怎麼辦呢？文鳥是好奇心強烈的鳥兒，一旦熟悉環境後，

問題與對策

【寵物】

・貓會攻擊文鳥
　→ 避免同在一個房間

這是無可避免的自然現象。放有文鳥鳥籠的房間，絕對不能讓貓咪進入，這點非常重要。

・鸚鵡等其他鳥類會攻擊文鳥
　→ 避免接觸

文鳥在放風時停在其他鳥籠上，結果遭籠內鳥兒攻擊……曾經有過這樣的案例。放文鳥出籠時，記得要用布巾把其他鳥籠蓋起來。

・倉鼠會攻擊文鳥
　→ 避免接觸

倉鼠跟文鳥一樣，都是養在籠子裡的寵物。各自在籠子裡的時候雖然相安無事，但一到文鳥的放風時間，還是必須用布巾蓋住倉鼠籠。

・被大型犬踩到
　→ 避免接觸

大型犬雖然沒有惡意，卻可能誤踩文鳥。尤其是沒有養鳥經驗的飼主，放鳥出籠後一定要隨時盯著。

注意要點

大型犬多半是脾氣溫和的犬種，通常都能與文鳥和睦相處，但由於體重相差數十倍，還是有可能在無意間發生意外。

【嬰兒、小孩】

・嬰兒會受傷
　→ 不在有嬰兒的房間放風

一不留神，文鳥就對熟睡嬰兒的頭部或眼睛伸出鳥爪……這是有可能發生的情況。當房內有不具自主判斷能力的嬰兒時，絕對不要放鳥出籠。

・小孩會欺負文鳥
　→ 別製造讓孩子可自行接近文鳥的機會

小孩在成長到能理解小動物也是寶貴生命的年齡之前，有時會因感興趣而出手玩弄鳥兒。除此之外，也可能看見父母疼愛文鳥而心生妒忌，刻意傷害文鳥。若想避免這些情況，就必須跟小孩建立良好的關係。

就會去親近體型比自己還大的鳥類或其他動物。有些飼主會讓文鳥接觸兔子等溫馴動物，但直接接觸總是伴隨著危險。文鳥有著較具攻擊性的一面，即便雙方同是文鳥也會大打出手，試圖讓對方負傷，因此當然也可能激怒其他動物，或惹來嫌惡之情。社群網站上常會看到文鳥站在大型犬頭頂或背上，使人不禁莞爾的照片。如果想仿效，一定要在旁好好看著，就算大型犬沒有惡意，也可能不小心碰撞文鳥造成意外。而考量到會有萬一，文鳥絕對不能跟貓、貂、猛禽類、蛇等肉食性動物共處一室。如果無論如何都想同時飼養的話，就要養在不同的房間，並且避免讓彼此有接觸的機會。

　文鳥是家庭裡的一員，請在迎接新的家庭成員前做好準備，讓飼主的其他家人也能與文鳥融洽相處。

雛鳥的養育方式①

迎接雛鳥前，請用心調整濕度和溫度

3～4週齡的雛鳥飼養箱

出生後22～35天的雛鳥應該用塑膠箱來飼養，而非鳥籠。雛鳥相當敏感，濕度和溫度的管控尤須注意。

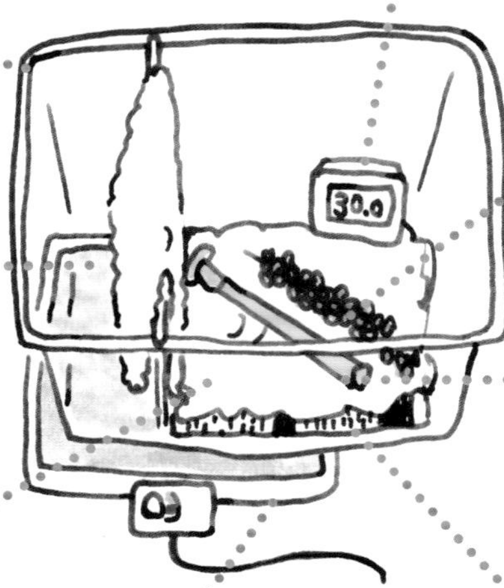

塑膠箱

用小型塑膠箱來飼養雛鳥，箱蓋也會用到。

濕毛巾

將濕毛巾置於保溫燈的加熱範圍裡，以維持箱內濕度。乾掉後就要換新的濕毛巾，以免孳生細菌。

面紙

雛鳥喜歡鑽到面紙的下方。若被糞便弄髒，在餵食時就要換掉。

保溫燈

假如使用片狀的加溫板，記得保留部分籠底不要鋪設，好讓雛鳥能夠避開熱源。寒冷季節需使用小動物專用的保溫燈來提升籠內溫度。

溫濕度計

要頻繁確認箱內的溫度及濕度是否適宜。2週齡的適宜溫濕度為30～32℃／80%以上，3週齡為28～30℃／70%以上，4週齡到8週齡約為25～28℃／60%以上。

小米穗

在人工餵食期間也要放入小米穗，供雛鳥練習自行進食。

棲木

雛鳥成長到3週齡後，行動會變得活躍，因此要放入練習用的棲木。

報紙

若保暖設備是片狀加溫板等鋪在下方的類型，就要在箱中鋪上報紙，以免過熱。

與成鳥不同 迎接雛鳥前的準備

迎接雛鳥前的準備，跟成鳥並不相同。雛鳥原本是跟親鳥一起住在溫暖的鳥巢裡，因此得幫牠們營造出近似的環境。用來代替鳥巢的東西，通常是飼養昆蟲等所使用的塑膠箱。2週齡的雛鳥若能使用「竹籃」，將更顯安心。這兩種容器都必須鋪放數張捏成團狀的面紙，再讓雛鳥住進去。

試著摸摸窩在親鳥肚子底下的雛鳥，就會發現牠們身上濕濕的。箱中必須放入濕毛巾，以讓雛鳥保有較高的濕度。

雛鳥長得很快，成長環境也必須隨著週齡增加而迅速改變。雖然很耗飼主心力，但此時是文鳥相當可愛的時期，請多加把勁，給予深深的關愛之情，用有如親鳥的態度來照料雛鳥。

雛鳥的飼養箱內部也是牠們成長為成鳥的練習場所，記得放入小米穗，讓雛鳥

雛鳥的食物

這個時期必須有意識地讓雛鳥攝取鈣質等成鳥期所需的營養素。此外，也要開始習慣青菜等副食品。

青菜

餵食時，要準備弄碎的小松菜或豆苗等青菜。只要在雛鳥期養成習慣，就會變得愛吃青菜。

粉末食物

餵食材料之一，將穀物類磨成粉末狀而成。是一種綜合營養食品，便於吸收。

蛋黃粟

餵食材料之一，將小米去殼後裹上蛋黃製成。含有大量營養，除了雛鳥期以外，也會在發情期餵食。

小米穗

帶穗的小米，用來讓雛鳥練習自行進食。也有人使用帶穗的稗子。

蛋殼

蛋殼也能補充鈣質。

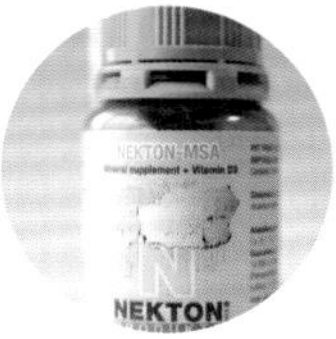

營養補充劑

混入食物中的營養補充劑，可用來補充礦物質或鈣質等。

2週齡的雛鳥

出生後15～21天的雛鳥，可以放到竹籃裡。在竹籃中鋪放面紙，再整個放入塑膠箱中。溫度計和濕度計也要放在竹籃內。

飼養重點

與成鳥的進食差異

成鳥可以自己吃滋養丸和混合種子，雛鳥則需要飼主餵食。2週齡的雛鳥只能餵粉末食物，3週齡過後就可以開始混合粉末食物及蛋黃粟，繼續餵粉末食物也沒關係。第一次飼養雛鳥的人，可以跟店家或取得文鳥的對象採取相同的方式，餵食起來會比較順利。

練習自行進食；且在雛鳥開始行走後放入棲木，使牠們練習站上棲木。

過了5週齡之後，就會需要跟成鳥一樣的環境。在幫雛鳥做準備時，最好就先一併準備好鳥籠等成鳥用品。

雛鳥的養育方式②

餵食必須因應飼料類型來做準備、飼養時的麻煩事

各週齡的照顧方式都不一樣

2週齡的雛鳥必須每天餵食6～7次粉末食物，從早上8點到晚上8點左右，每2小時餵食一次。每次都要在餵食前再調製飼料，不能先調好放著。

3週齡過後的雛鳥要加餵蛋黃粟。3週齡時，每天約餵6次；4週齡時，每天約餵5次；5週齡過後，每天約餵3次，餵食次數可隨成長慢慢減少。3週齡起，就要開始讓雛鳥用小米穗練習自行進食；4週齡後，則開始提供成鳥吃的飼料。

從大約3週齡開始，雛鳥的羽毛會長齊，並學會步行和跳躍。到了4週齡時，會站上棲木、會飛，也會開始洗澡。

雛鳥時期是必須特別費心照料的階段。若雛鳥因室溫或環境變化而不接受餵食，或者進入食慾不佳的食滯狀態，嗉囊就會變硬，引發嗉囊炎及脫水等症狀。

餵食的方式（每隻每次的分量）

【餵食粉末食物】（2週齡的雛鳥）

① 用針筒型餵食器吸取飼料

以餵食器吸取飼料，擠掉內部空氣。將餵食器前端稍微朝上，按壓底部，使飼料稍微流出。

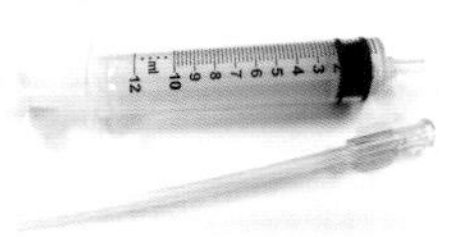

※也有與圖中器具不同類型的產品。

② 誘導雛鳥靠近針筒型餵食器

將雛鳥放在手中，若雛鳥看見餵食器前端後張開嘴巴，便調整餵食器的角度，使雛鳥的嘴巴、食道及嗉囊成一直線。也可輕觸雛鳥頭部進行誘導。

③ 壓出飼料

將餵食器放入雛鳥口中後，雛鳥會自行將餵食器前端吞入食道深處，接著將飼料輕輕按出。要注意別將飼料壓入食道前方的氣管裡。重複數次，直到原本扁扁的嗉囊膨脹起來、且雛鳥不想再吃為止。

【餵食蛋黃粟】（3週齡的雛鳥）

① 用餵食器來餵蛋黃粟

裝飼料時，不可超過餵食器的一半高度。注意不要放太多進去。

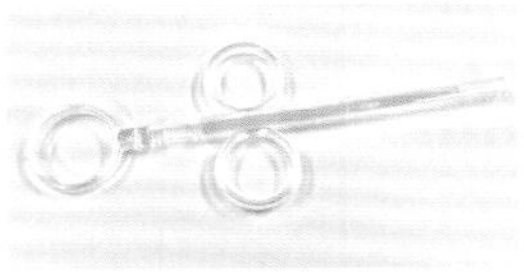

※也有與圖中器具不同類型的產品。

② 誘導雛鳥靠近餵食器

將雛鳥放在手中，誘導雛鳥將嘴巴、食道及嗉囊成一直線。精神飽滿的雛鳥會將餵食器吞入食道深處。

③ 壓出飼料

一邊觀察嗉囊的膨脹程度及雛鳥的食慾狀況，一邊從餵食器壓出飼料。每次約以3～5口為準。注意別讓飼料掉進氣管。

關於雛鳥的麻煩事

【不願接受餵食】

原因有飼料太冰涼，或室溫過低等。此時必須調整保溫燈或整個房間的溫度。餵食的飼料溫度為40℃，如果擔心餵到一半涼掉，可一邊隔水加熱一邊餵食。其他可能的因素還有環境變化，或對先前的餵食留有不好的印象等。

【嗉囊變硬】

健康的嗉囊會因內部飼料含有水分而呈肥大狀。當嗉囊的水分流失、變得凹凸不平，就是處於消化停滯所引發的食滯狀態，甚至可能導致嗉囊炎。用餵食器餵約3口溫水後摸摸嗉囊，如果有辦法動，就好好保溫，讓雛鳥睡約3小時。

雛鳥容易感染的疾病

【食道炎、嗉囊炎】

會出現嘔吐、下痢、想大量喝水等症狀。
→詳見p.92

【氣管炎】

氣管發炎的疾病。
會有流鼻水、打噴嚏、咳嗽、聲音沙啞等症狀。
→詳見p.92

【滴蟲症】

因寄生蟲「滴蟲」所引發的感染症狀。
會從親鳥、一起餵食的雛鳥身上遭受感染。
→詳見p.92

【球蟲症】

因寄生蟲「球蟲」所引發的感染症狀。
染病的雛鳥糞便具傳染性，必須用熱水消毒鳥籠等用具，以防感染。
→詳見p.92

此外，雛鳥時期也很容易出現感染症等疾病，因此一定要營造出跟原本鳥巢近似的高溫多濕環境，並且小心翼翼地養育雛鳥。

飼養重點

蛋黃粟飼料的製作方式

①將青菜切成細絲，用研磨缽磨碎。
②把補充礦物質的營養補充劑或蛋殼，以微波爐加熱至乾燥後磨碎。
③用熱水清洗5g蛋黃粟，去除髒污，再以蛋黃粟為基準加入約2倍量的熱水。
④在③中各加入一小撮①和②。
⑤隔水加熱，用溫度計確認維持於40℃，加入2g粉末食物即完成。

從幼鳥到成鳥的養育方式①

4週齡過後，鳥籠及飼料都與雛鳥時期不同

鳥籠的擺設

p.50曾提及鳥籠裡的各種用具。
此處將說明鳥籠內部的擺設方式。

水罐
安裝位置必須方便文鳥站在棲木上飲用。

保溫燈
需要時安裝於鳥籠最下方，遠離水罐的對角處。

溫濕度計
安裝在兩根棲木之間，高度以不礙事為主。

棲木
2根棲木必須高低不同，並留一定的空間讓文鳥伸展雙翅。

飼料盒
放在遠離澡盆的地方，最好在鳥籠角落。

報紙
鳥籠下方需鋪放報紙或廚房紙巾等，要勤於更換以保持清潔。

澡盆
外掛式澡盆比較不會弄濕鳥籠內部，能讓文鳥感覺舒適。

跟塑膠箱說再見

雛鳥從4週齡起進入幼鳥期，會開始飛行，等5週齡後就很會飛了。到了這個階段就可以跟塑膠箱說再見，搬進保溫的鳥籠。但假如碰到鳥籠較難保溫的冬季，或雛鳥身體比較虛弱時，就要繼續留在塑膠箱內，直到沒有疑慮為止。

鳥籠內必須乾淨，並布置成方便文鳥生活的狀態。飼料要遠離澡盆以免弄濕；保溫燈要盡可能設置在鳥籠下段，才能整體加溫，這些事項都必須注意。

5週齡以後的文鳥由於會飛行，排泄及運動量都隨之增加，因此體重可能會暫時往下掉。雛鳥必須人工餵食，同時利用飼料讓牠練習自行進食，但在這個階段，有些雛鳥已經不再需要人工餵食了。

飼料類型有混合種子以及滋養丸兩種。混合種子基本上包括小米、稗子、黍子、加那利子等4種食材，有的還會添加

成鳥的食物

這些飼料是文鳥的主食。請依照文鳥的喜好，並搭配p.62所介紹的副食品，幫文鳥調配出營養均衡的食物吧！

滋養丸

【特徵】

碎屑狀飼料，是具備所有必要營養素的綜合營養食品。如果有在吃這個，就不需再提供蔬菜等副食品。

【優點】

依健康考量調配各營養素製成，不需要另外吃副食品。碎屑的尺寸很適合文鳥。

【挑選方式】

選擇雀科鳥類專用或文鳥專用的產品。

【提供方式】

由於文鳥食用時，可能會撒得到處都是，適當的給予量約7～8g。

【注意要點】

適口性不佳，有些文鳥不願意吃。

有時會被作為養病用的處方食品，因此就算文鳥是以混合種子為主食，還是必須習慣滋養丸。

混合種子

【特徵】

文鳥的主食。主要混合小米、稗子、黍子、加那利子等4種穀類。

【優點】

帶殼的新鮮種子含有水分，文鳥很喜歡。

【挑選方式】

市面上也有去殼的商品，但請選擇帶殼的。

用鳥喙剝殼進食是文鳥天生的習性。

【提供方式】

一隻成鳥每天平均給7～8g。實際需要的量約為5g，但文鳥會將飼料撒得到處都是，考量到這一點因此多給一些。冬季或未滿1歲的食慾旺盛期，每天可能需要多達10g的量；超過4歲之後，每天的需求量可能掉到5g以下。

【注意要點】

為使營養均衡，必須加餵蔬菜等副食品。

胚芽米和麻籽。可以從文鳥吃剩的飼料來判斷並挑選文鳥喜歡的種子。除了飼料和蔬菜副食品之外，還必須給文鳥營養補充劑及磨碎牡蠣殼製成的貝殼粉，以補充礦物質。滋養丸是綜合營養食品，吃了這個就不需要再給副食品，不過有些文鳥並不喜歡滋養丸。

飼養重點

幫文鳥減肥

文鳥的體重雖會因骨架而異，但大致在22～33g之間。假如外觀看起來尺寸普通，體重卻超過30g，就有過胖或長腫瘤的疑慮。若撥開肚子的毛看見健康的紅色，脖子、胸部、下腹部等處卻能看見黃色脂肪，就代表太胖了，必須重新考量飼料的分量和種類。

副食品的選擇方式、應該在學習期教導的事

副食品

含有大量草酸的蔬菜、較黏稠的蔬菜、水分過多的蔬菜都不行。此外，桃子、杏子、枇杷和酪梨可能導致中毒，鳳梨、木瓜、奇異果及芒果則可能引發皮膚炎。

NG食物

【蔬菜】

菠菜
皇宮菜
明日葉
葉用黃麻
秋葵
竹筍……等

【水果】

桃子、杏子
枇杷
鳳梨
木瓜
奇異果
芒果
酪梨……等

青菜

紅蘿蔔

南瓜

貝殼粉

橘子

草莓

蘋果

麥子

小米穗

學習期的文鳥

超過4週齡的文鳥，飼料除了主食之外，也要提供蔬菜和水果等副食品。有些蔬菜水果不能拿給文鳥吃，一定要多加留意，整體而言，水分過多的東西容易造成拉肚子。餵食時間方面，要避免在就寢前提供。此外，文鳥非常喜歡自己啃食蔬菜和水果，所以不要切得太細，大概切成3～4公分範圍的大小就可以了。以混合種子為主食的文鳥，每天都必須吃蔬菜，也請不要忘記用來補充礦物質的貝殼粉和營養補充劑等。

8週齡過後就會開始換羽，11週齡是換羽的最後階段，文鳥會很容易感到疲憊。12週齡之後就是亞成鳥了，飼養方式跟成鳥幾乎相同。此外，5週齡的幼鳥搬入鳥籠後，剛開始可能會跟住塑膠箱時一樣蹲踞於鳥籠底部，因此要記得在底部放入揑成團狀的面紙。

學習期

【習慣鳥籠】

在文鳥超過4週齡、開始能在棲木上站立後，白天就要移入鳥籠，讓文鳥慢慢習慣。

【保定】

剪指甲和投藥時都必須進行保定。保定時以食指和中指夾住文鳥的頭部，讓牠的腳勾在無名指和小指上就OK了。（→參照p.70）

【遊玩】

學習期也是文鳥產生好惡的時期。只要飼主給予滿滿的愛，經常陪文鳥玩，牠就會變得超級喜歡飼主。

餵食方式

【主食】

主食是混合種子或滋養丸。每天平均需要5g的量。考量到文鳥會亂撒飼料，因此要提供7～8g。若以滋養丸為主食，在營養方面就不需再添加副食品了。

【副食（蔬菜）】

將混合種子當作主食的話，就必須每天吃副食品。不要切得太細碎，青菜整片給，紅蘿蔔則可切片後給1片。就寢前攝取水分會使身體發冷，因此蔬菜最好只在白天供應。

【點心（水果）】

水果是文鳥的點心，每週約餵1次當作特別獎勵。蘋果和橘子的種子要去除，大致切成塊狀之後再給。給水果的時間跟蔬菜一樣，以白天為佳。

4週齡到11週齡的文鳥正值學習期，對所有事物都大感興趣，警戒心也很薄弱，這個時期學到的東西，一輩子都不會忘掉。正因如此，此時也是很重要的教育黃金期。習慣鳥籠、保定身體剪指甲、洗澡、放風等，所有成長為成鳥後會做的事情，都必須在學習期逐步學會。

另外，學習期也是決定好惡的時期，讓文鳥喜歡所有該學的事情是必要的，但最重要的還是要使文鳥愛上飼主。4週齡過後的幼鳥，請一定要給予前所未有的溫柔呵護，盡量讓文鳥意識到飼主就生活在自己身邊。想辦法讓文鳥習慣人類，對飼主萌生愛意吧！

培養生活習慣的方式①

維持健康不可或缺的日光浴與洗澡

日光浴

曬太陽可以獲得必需營養素，
也能幫助轉換心情，是絕對必要的習慣。

- 在晴朗或稍微有雲的白天打開窗戶。
- 待在鳥籠裡也OK。
- 不用移動到窗邊也沒關係。
- 不可以用塑膠製品等覆蓋鳥籠。

【建議】

只要將文鳥所在房間裡的窗戶打開來就行了，非常簡單！鳥籠不用移動到窗邊，也不需拿到外頭去。

適度照射紫外線和保持清潔就能維持健康

做日光浴時，陽光中的紫外線B光（UVB）能幫助文鳥補充不足的維生素。這種紫外線B光無法通過玻璃，但只要打開窗戶，就算不是直射日光也能透過漫射進入室內。若鳥籠上覆蓋著塑膠或壓克力板，此時就必須拿掉。如果文鳥是飼養在日光難以照入的房間，每週必須將鳥籠移往窗邊一次，改變鳥籠的位置也能讓文鳥的心情隨之轉換。如果要把鳥籠搬到陽台，一定要放在陰影處，且務必專心看顧，以免文鳥成為其他鳥類或貓等動物的攻擊目標。在日照充足的房間，假如鳥籠太靠近窗戶，裡頭的文鳥容易隨著老化產生白內障。請避免過度曝曬於紫外線，進行適度的日光浴即可。

文鳥非常愛洗澡，就連冬天也會天天入浴。為了去除羽毛上的髒污、保持潔淨

洗澡

為了保持潔淨狀態，請務必讓文鳥洗澡，
洗澡方式則視情況改變。

- 原則上每天約洗1～2次。
- 不只夏天，冬天也會洗澡。
- 一定要用冷水洗。
- 澡盆分成設置於鳥籠中，以及能安裝於籠門上的外掛式兩種。
- 也可以在廚房或廁所的洗手台洗澡。

【NG做法】

文鳥冬天也要洗澡，但因怕文鳥感冒而準備熱水則是錯誤的做法。熱水會導致文鳥羽毛上用來隔絕水分的油脂脫落，所以洗澡水請務必使用約15℃的冷水。

飼養重點 用浴缸裡的熱水、或強制文鳥洗澡都不行

如果讓文鳥用熱水洗澡，羽毛上的油脂會脫落，水分滲入將導致體溫降低；而且肥皂等物品對文鳥具有毒性，因此要避免讓牠們使用浴缸裡的熱水洗澡。此外，如果文鳥不想洗澡，卻強制淋水在牠身上，也會造成文鳥的體溫降低。文鳥不想洗澡的時候，就不要勉強牠吧！

狀態，每天大約要洗1～2次。洗澡可以消除文鳥的壓力，因此如果文鳥看起來很想洗澡，一天洗好幾次也沒關係。但如果健康狀態有異，洗澡就必須按照獸醫師的指示來進行。就算是冬天，也一定要用冷水來洗，如果水溫太低，可以加熱到15℃左右。若使用外掛式的澡盆，鳥籠內就有較大的空間，水也不容易弄髒，更能保持衛生。

培養生活習慣的方式②

放風具有運動、交流及玩耍等功能

放風時間要固定1天1次

放風對於文鳥與飼主而言，都是最開心的交流時光。文鳥跟人類一樣，不運動就容易變胖，為了避免發胖，每天至少要規劃1次放風的時間。只要持續在同一時間放風，文鳥就會將這段時間視為跟飼主接觸互動的時光，百般期待能夠一起玩耍，而且在那之前，就算必須獨自看家，牠們也會乖乖待著。為了維持彼此的良好關係，並使文鳥保持健康，放風時間要盡可能固定。

最容易發生意外的時候

然而，最容易發生意外的也是放風時間。請留意放風空間的擺設，家具之間不能有人手無法伸入的縫隙，電風扇和換氣扇也請罩上防護套。由於每天都會放風，請不要因為習慣了就掉以輕心，一定要確認門窗是不是已經關上、有沒有危險物品還沒收好等。剛開始飛行的幼鳥和活潑的亞成鳥都還不太會控制身體，常飛得很快卻忘記減速，務必要多加留意。放風時視線絕對不要離開文鳥，必須隨時掌握文鳥的所在之處。

飼養重點

事故總發生在意想不到之處

白天雖然會覺得房裡很亮，但實際上還是比室外來得暗，因此文鳥起飛時常常會飛向窗戶。除了絕對不能開窗之外，也必須先拉起窗簾或蓋上布巾，以免文鳥一頭撞上。另外，有些文鳥會因為害怕圖案花俏的服裝及指甲而突然飛到空中，或冷不防地發動攻擊。避免穿著文鳥討厭顏色的衣服，會是比較保險的做法。

放風方式

養成正確放風習慣，與文鳥盡情互動吧！

每天約30分鐘～1小時

文鳥的生活作息最好固定（→ 參照p.22、p.23），所以要在相同的時間放風。放風時間太長容易發生意外，大約1小時就足夠了。

先把房間收乾淨

銳利或細小的危險物品，記得要收起來。此外，文鳥有時會誤以為能夠飛到窗戶或鏡子的另一頭，以致迎面撞上玻璃，因此一定要先用布巾蓋好。

房門、窗戶要緊閉

門窗要完全關緊，注意別讓文鳥移動到其他房間。放風時也要先告訴家人，以免門窗在中途被打開。

緊盯文鳥的一舉一動

如果一邊使用手機或看電視，不「專心放風」的話，發生事故時就會來不及應對。請盯緊文鳥的一舉一動，以免發生意外。

NG環境

植物

請將觀賞植物全部撤走，以免文鳥食用或碰觸。

貓咪等寵物

放風環境須避免讓其他寵物自由進出。養在籠子裡的寵物要蓋上布巾，避免跟文鳥接觸。

香菸等毒物

菸、酒、清潔劑、指甲油等化妝品、噴霧罐、黏著劑等物品一定要收起來。巧克力和可可亞等甜點也不能亂擺。

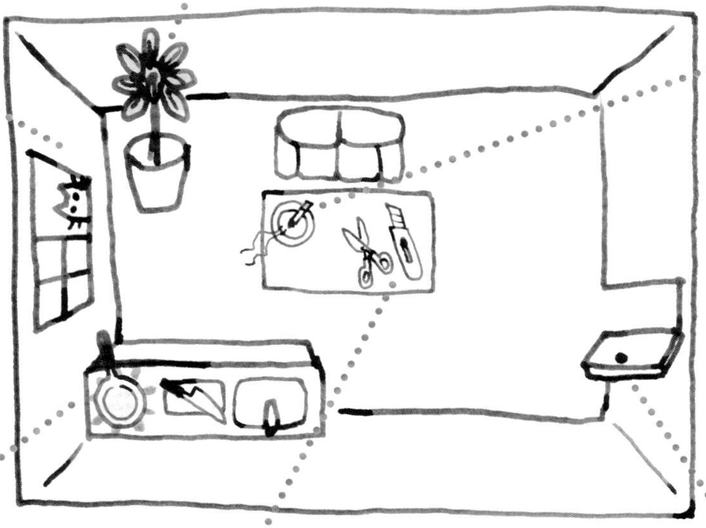

廚房

如果把門關緊，文鳥應該無法跑進廚房，但若住在套房裡，請將刀具、食材和調味料等收起來。當然，絕不可在烹飪過程中放風。

刀類

刀具閃閃發光，文鳥可能會感興趣，這是相當危險的。菜刀、美工刀、剪刀等刀具一定要收好。

開放的出入口

放風前一定要將門窗確實關緊。此外，範圍僅限於一個房間，且視線必須跟著文鳥移動。

培養生活習慣的方式③
文鳥的生活相當規律，而且會反映飼主的習慣

睡眠

為維持每天規律的生活，
以下事項必須注意。

【起床】

文鳥約在6～8點起床，要在這段時間取下鳥籠蓋布。

【就寢】

入睡時間約為19～21點。最晚22點一定要蓋上鳥籠蓋布。

【睡眠時間】

睡眠長度約8～12小時，請避免讓文鳥睡眠不足。

【溫度】

必須維持適當溫度，避免降到20℃以下，太冷的話就要打開保溫燈。

【注意要點】

文鳥是日行性動物，睡覺時間請將鳥籠蓋上布巾。蓋住之後，就不必過度壓低環境音量了。

用心培養規律的睡眠節奏

野生文鳥是日出而起、日落而眠的日行性鳥類。被豢養的文鳥，最好也盡量在接近的時間睡覺。不過一般來說，飼主的活動應該會持續到更晚一些，而被飼養的文鳥受到房內照明所影響，在太陽下山後仍會相當活躍。假如白天無法跟文鳥相處，必須在晚上放風，就很難讓文鳥在日落時入睡。文鳥是容易適應環境的鳥類，因此在一定程度上可以配合飼主的生活節奏。可即便如此，最遲在21點到22點之間，還是必須蓋上鳥籠蓋布讓文鳥睡覺。

文鳥的睡眠時間為8～12小時，假如睡眠長度不足，可能會因無法消除疲勞而導致生病。相反地，如果睡得太久，沒辦法事先將營養吸收、儲存備用的文鳥就會過度飢餓。請考量每隻文鳥的年齡和健康狀態，為牠們設定恰到好處的睡眠時間。

睡眠相關注意事項

為了讓文鳥一夜好眠，
有些事情必須遵守。

NG

【沒有蓋住鳥籠】
如果文鳥所待的房間有人正在活動，文鳥就會不想睡覺。記得蓋上遮光布巾等，讓鳥籠變暗。

【太晚睡覺】
就算飼主的生活不規律，也要用心讓文鳥過規律的生活。每天起床的時間不盡相同，或者太晚才讓文鳥入睡，都可能導致荷爾蒙失衡而引發疾病。

【變更起床時間或睡眠長度】
倘若生活作息劇烈改變，會令文鳥備感壓力，因此每天蓋住鳥籠的時間、掀開蓋布的時間，記得都要盡量一致。

OK

【可以稍微配合飼主的生活】
文鳥是日行性動物，天黑後最好就讓牠睡覺。但若飼主白天不在家，也可以在夜裡跟文鳥互動，最晚22點左右一定要讓文鳥睡覺。

【早上拿掉鳥籠蓋布打招呼】
早上取下鳥籠蓋布，讓文鳥做做日光浴，就能調節荷爾蒙的平衡。這時別忘了跟文鳥打招呼，稍微互動一下吧！

【午休補充睡眠】
大約下午1點過後，是文鳥的午睡時間，但不需要強制蓋上鳥籠蓋布，讓文鳥自由選擇即可。如果文鳥看起來很睏，就要避免大聲喧鬧。

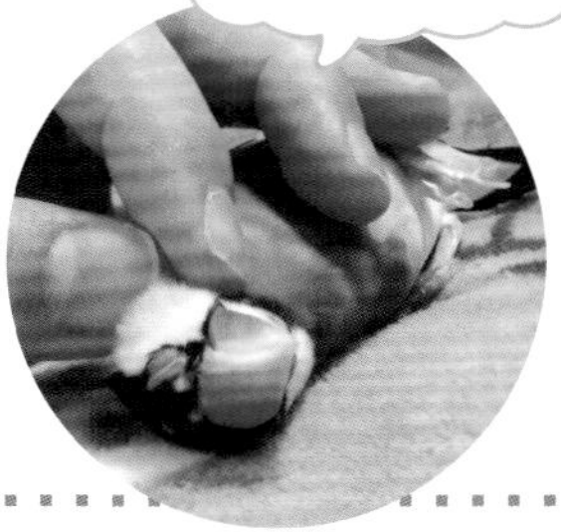

飼養重點

文鳥的午睡

文鳥會吃吃飼料、理理羽毛，悠閒地度過白天時光。此外，中午時也經常可見以放鬆姿態睡午覺的文鳥。老鳥會比成鳥更常午睡，換羽或抱卵等需要體力的時期，牠們也時常午休。午睡是很自然的行為，但若覺得文鳥的模樣異於平時，例如靠近牠身旁也沒有醒過來等，就得確認文鳥的身體狀態是否不佳。

而最最重要的，就是必須養成規律的生活節奏。盡可能在相同時間讓文鳥入睡，在相同時間叫文鳥起床，這是維持健康的祕訣。文鳥在睡覺的時候，飼主必須盡量保持安靜，留意電視和孩子的聲音等，避免突然發出會讓文鳥感覺生命受到威脅的巨大聲響。

流暢掌握保定方式，正確修剪指甲

保定

幫文鳥剪指甲，是許多飼主的一大苦事。
過程中必須使用刀具，因此一定要加倍謹慎。

基本保定方式

① 以單手包覆，握住文鳥背部。
② 用食指與中指夾好脖子。
③ 以大拇指、無名指和小指從側面輕輕支撐身體。

就算方法不太一樣，只要能確實固定住文鳥就行了。請自行摸索不會令文鳥不舒服，且能夠順利執行的方式。

先練習再正式開始，安全地幫文鳥剪指甲

需要剪指甲的頻率也會有個體差異。有些文鳥從約3歲起就必須剪指甲，卻也有文鳥一輩子都不用剪。當文鳥停在棲木上時，若指甲會重疊或指頭抓不緊，就代表指甲太長了。指甲太長容易勾到窗簾和地毯等布料，也可能卡入鳥籠及玩具接合處，非常危險。市面上售有小鳥專用的指甲刀，要用剪鉗或一般人類用的指甲刀也ＯＫ。如果使用後兩種，要挑出一把讓文鳥專用，使用前後最好都消毒。

保定是剪指甲的首要關卡。想避免文鳥在剪指甲的過程中失控受傷，就得先固定好文鳥的身體。不只剪指甲，在餵藥等時候也必須保定。請事先練習，好讓雙方都能夠習慣。

文鳥的指甲裡有血管分布，因此必須特別小心別剪過頭。要斜著修剪，只剪掉

剪法

一定要先將文鳥確實保定，
再謹慎進行。

①保定

用基本保定方式握住文鳥，大拇指和無名指要夾好指甲的根部。

②剪掉前端

只剪指甲前端轉白的部分。指甲的根部有血管通過，仔細觀察就會發現前端長得比較細。一定要注意只剪前端，別剪到血管。

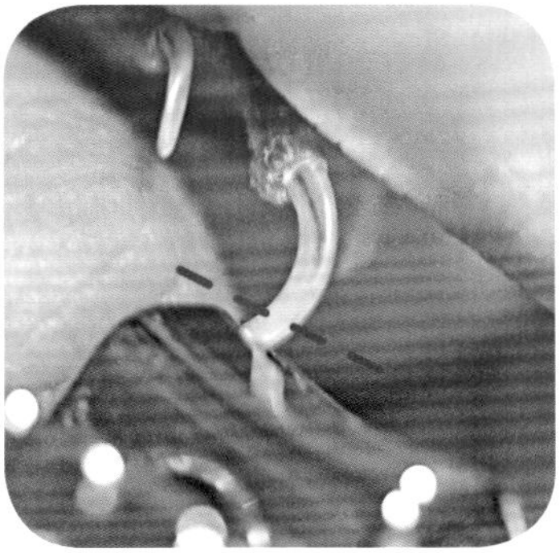

工具

工具種類繁多，
請選擇用起來順手的。

【小鳥專用指甲刀】

專為鳥兒設計的指甲刀，剪的時候指甲比較不會裂開。

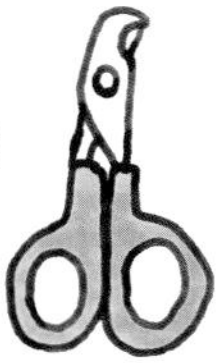

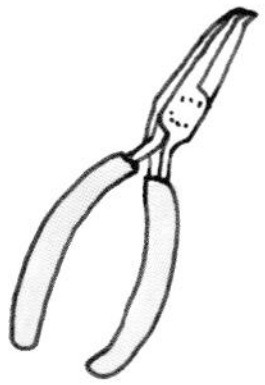

【剪鉗】

工藝用的細剪鉗，剪細一點的爪子時也很好剪。

【人類的指甲刀】

小支的指甲刀會比較好用。

【止血劑】

最好備有市售的止血劑，在不慎剪到流血時使用。貓狗專用的產品也OK。

乾燥全白的部分。在還不熟悉的時候，也可以兩個人分工，一人負責保定，一人負責剪指甲。如果怎麼試都不成功，也可以上醫院請專人幫忙修剪。指甲可以在家裡自己剪，但鳥喙保健請到醫院尋求專業人員協助。

飼養重點

萬一指甲剪過頭

指甲若在30分鐘內停止出血，就不會有問題。如果是棲木上沾有少量血跡的程度，就要觀察文鳥的狀態。止血方式除了使用市售的止血劑外，拿點燃的香稍微碰觸一下爪尖，同樣也能止血。假如出血無法停止或腳趾腫脹，請盡速前往醫院。

清理鳥籠的方法

設定清掃頻率，讓鳥籠常保潔淨

每天小掃除

【更換籠底紙】

更換鋪在鳥籠底部的紙張。每天早上跟飼料及水一起換就可以了。市面上也有販售能一張張撕下換新的紙墊。換紙時要養成確認糞便狀態的習慣，以便同時進行健康管理。

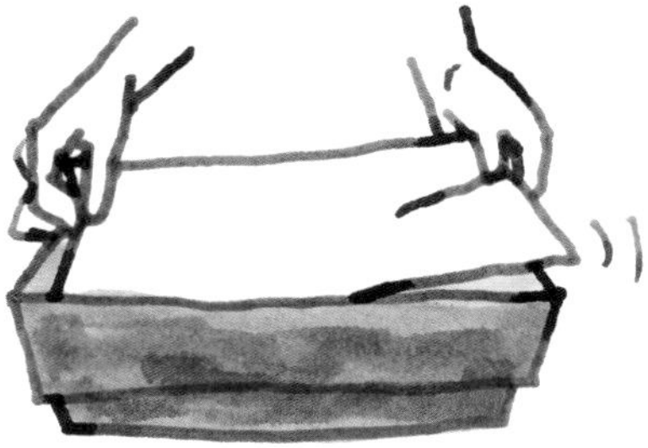

【清洗水罐、澡盆】

不單只是換水，還要用海綿等仔細刷洗容器。請不要使用清潔劑，以免微量殘留。

每天勤快打掃 營造舒適的居住環境

維持環境衛生，愛乾淨的文鳥才能住得安心又舒適。比起養其他寵物，每天必須為文鳥做的清潔工作其實並不會太辛苦。早上在更換飼料和水的時候，要順便換掉鋪在鳥籠底部的紙張。紙上會沾有糞便，若能確認糞便量和狀態後做記錄，在文鳥身體不適時就能作為參考。

清洗水罐、澡盆、飼料盒等容器時，不要使用清潔劑。每週請用熱水消毒1次，以維持潔淨狀態。文鳥會將飼料啄得四散，還會掉羽毛，因此鳥籠附近也必須經常打掃。

大致而言，請養成每天小掃除，每週1次中掃除，每月1次大掃除的習慣。如果放任髒亂不管，不只對文鳥，對人類也絕非好事。清掃時記得戴上塑膠手套，以免直接接觸糞便，還要戴上口罩，避免吸

每月1次大掃除

【拆解鳥籠，消毒、晾乾】

將鳥籠中的物品全部取出，拆解鳥籠，充分清洗每個角落。鐵網要用刷子刷洗，底盤和配件洗好後用熱水消毒。最後放在太陽下晾曬，直到完全乾燥。

每週1次中掃除

【清洗鳥籠與網底】

鳥籠的底網會附著糞便，要用刮板等刮除。若變硬難以去除，可用熱水清洗，或用濕布擦掉。把下方底盤抽出來，仔細擦拭乾淨吧！

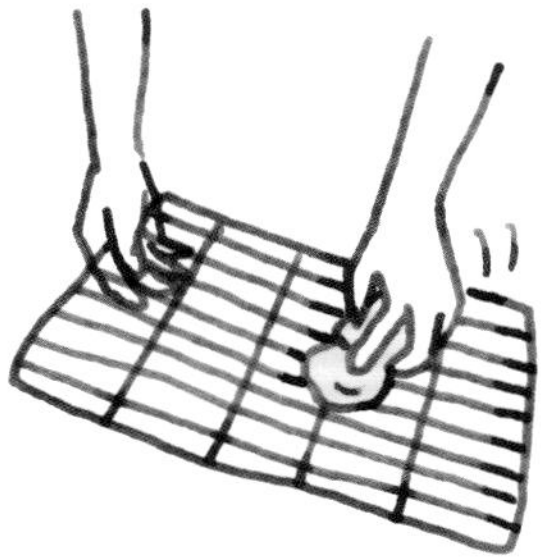

【清洗飼料盒、貝殼粉盒】

清洗過後先用熱水消毒，再確實乾燥。請注意當中是否有耐熱溫度較低的製品，以免變形或破損。

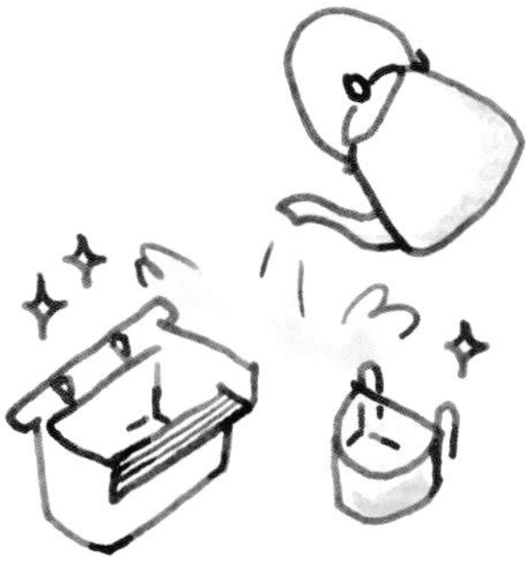

入飛濺的糞便碎屑。

要拆解鳥籠進行大掃除時，必須準備好備用的小型飼養箱，將文鳥先搬移過去。此外，打掃的時候沒辦法顧及文鳥，因此請勿同時放風。

飼養重點

冬季打掃時，開窗換氣的注意事項

打掃房間時，經常會將窗戶敞開，使空氣流通。但如果是在冬天已開暖氣的房間打開窗戶，室溫會急遽下降，可能導致文鳥身體不適。在開窗換氣之前，要先把文鳥搬移到其他房間去，尤其是極度需要保溫的幼鳥和老鳥，請悉心留意室溫的管控。

看家或帶出門時的對策

出門要做好萬全準備，避免長期外出

看家

文鳥其實可以短期留在家中看家，但事前必須做好妥善準備。

【對策】

從白天到晚上外出

只要早上有更換飼料和飲水，到晚上為止都是OK的。

看家長達3天2夜

多準備一份飼料盒和水罐，裝入較多的量。也可以安裝能置入定量飼料的餵食器當作備用。

外出超過3晚

委託信得過的人照顧，或利用寵物旅館、寵物保母等服務。如果放著不管超過3晚，文鳥可能會累積壓力導致健康異常，而且萬一發生什麼狀況，也可能無法及時發現。

【注意要點】

別在放風狀態下出門

外出時，要讓文鳥回到鳥籠內。絕對不要在放風狀態下外出，否則容易發生意外或麻煩。

維持室溫

夏季若室溫可能升高，就要開著冷氣；驟冷的日子則必須保溫。

避免連續看家好幾天

像出差等不得已必須長時間外出的情況，健康的成鳥最多可以看家3天2夜，但一定要做好萬全準備。

讓文鳥看家時做好準備很重要

飼主有時會因出差或旅行而必須長時間離開家，這種時候雖然很不想把文鳥留在家裡，但要帶出門卻又有些擔憂。其實，只要事前做好萬全準備，就不會發生問題了。

若要讓文鳥看家，最長不能超過3天2夜。而且要另外增設飼料及飲水，以免文鳥斷糧。當必須離開超過3晚時，就得委託寵物旅館或值得信賴的人代為照顧。如果寵物保母或託付的對象能夠每天到家裡來，將能減輕文鳥的壓力。

因為往返醫院或歸鄉而必須帶著文鳥出門時，要先在房間裡讓文鳥習慣外出籠。慢慢習慣之後，接著練習短時間外出，並逐步加長距離和時間。出門請盡可能避免外出籠搖晃，開車前往其他場所時，必須將外出籠放在視線可及之處，若

外出

要跟文鳥一起出門時，準備妥當是很重要的。
記得先讓文鳥慢慢習慣，避免突如其來的長時間外出。

【出門時的必備物品】

- **外出籠**
- **棲木**
- **裝外出籠的提袋**
- **寵物尿墊**
- **飼料、飲水**

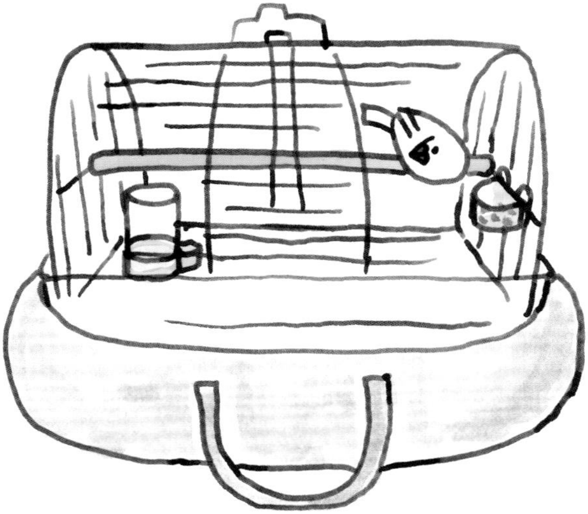

要為每隻文鳥都準備一個外出籠。寒冷時可將攜帶型懷爐靠在籠外，再整個放進提袋中。若要長時間移動，須視文鳥的情況安排休息時間。其他攜帶物品不要放進籠內，要裝在另一個袋子裡。

飼養重點

攜帶雛鳥的注意事項

基本上，雛鳥不能看家也不能外出。當健康惡化或必須到醫院接受檢查時，必須將平常使用的塑膠箱或竹籃整個放進外出籠，並用攜帶型懷爐保暖。餵食器具和熱水同樣不可或缺。另外也要充分預留能在外頭餵食文鳥的空間。

要開車就放在副駕駛座，不用開車就一起坐在後座。腳踏車和摩托車的震幅太大，請不要帶著文鳥乘坐，外出籠搖晃不穩可能造成受傷或意外。

各季節的注意要點

配合文鳥的狀態 管控溫度和濕度

春

體力及精神狀況都不佳

換羽期體力虛弱 心情也不好

換羽會消耗體力，使文鳥容易疲累、精神不好，心情不佳的情形所在多有。這段時間請溫柔地呵護文鳥。

早晚常有涼意 溫差較大

俗話說：「春天後母面。」氣溫是乍寒隔日又見暖，溫差較大。別忘了利用保溫燈或房內的空調來保暖。

梅雨

氣溫不穩定，較難照顧的時期

房間潮濕會讓文鳥不舒服

文鳥不喜歡乾燥，需要一定的濕度，但濕度過高也會讓成鳥不舒服。記得控制濕度，例如將空調轉為乾燥模式等。

留意發霉和腐敗

文鳥的鳥籠附近放有營養的飼料和水，是很容易發霉的環境。飼料在這段期間也容易變質，因此要仔細地清理、更換。

寒冷的日子必須保暖

梅雨時期的寒冷日子格外地多，尤其幼鳥和老鳥，氣溫驟降時極不耐寒，要視情形以加溫器或小鳥專用保溫燈確實保暖。

在四季分明的國家 必須小心管控飼養環境

舉日本為例，跟文鳥的故鄉印尼不同，氣候四季分明，除了高溫多濕的夏季之外，所有季節對文鳥而言都有些吃不消。此外，日本和印尼的夏季特性也不太相同。日本是夜晚最低溫高於攝氏25度的「熱帶夜」，夜間會持續維持高溫；而印尼的夏季夜晚則會小幅降溫。因此溫度與濕度方面，全年都必須多加注意。

季節變換的時期，尤其需要特別留心。此時會猛然變冷，溫差較大，很難預測每天會發生什麼情況。為了避免室溫劇烈變化，一定要確實且持續管控。在室溫可能突然波動的時候，記得先將鳥籠移到適當的地方。

另外，文鳥也有如換羽期及繁殖期等較為特殊的時期，這些時候會出現各種異狀，如體力下降、心情變差、坐立難安、食慾增減等。在特殊時期，飼主的關切相當重要，即便只是做些小事情，能讓文鳥過得稍微舒適一點也好。就算文鳥心情不佳或變得具有攻擊性，也絕對不能加以斥責，要滿懷著愛心去呵護文鳥。經歷各種時期，一整年下來之後，相信你一定能與文鳥建立起緊密的關係。

夏

變得活潑，但也可能意外受傷

管控室溫及空氣循環

文鳥是很耐熱的鳥，但對牠們而言，室溫超過30℃還是會受不了。若文鳥白天必須看家，就要把空調開著。飲用水在高溫的房間內也會迅速變質，要頻繁地更換。

避免接觸電風扇和殺蟲劑

鳥籠不能直接吹到電風扇的風。文鳥不會流汗，因此吹風也不會感覺涼爽。包括蚊香在內，有殺蟲成分的物品即便對人類無害，對文鳥還是會造成傷害，請千萬不要放在同一個房間裡。

飼主不能大意

這個時期的室溫和濕度比較沒有問題，容易使飼主變得鬆懈，忘記要好好看著文鳥。像連接陽台和房間的門，以及玄關處的門都要特別注意。

秋

留意急遽的溫度變化

進入繁殖期

日照時間變短後，文鳥就會發情。此時牠們會心神不定、坐立難安且脾氣暴躁，所以溫柔的對待格外重要。

確認早晚是否會驟冷

剛進入秋天時，白天雖然很熱，早晚卻可能急速降溫。請在晚上留意天氣預報，如果有需要，從前一晚就要開始準備保暖。

冬

除了寒冷，也要注意乾燥問題

留意室溫

對於喜愛高溫多濕的文鳥而言，這是個氣溫過低的季節。如果看到文鳥膨起羽毛，就要用塑膠布遮住鳥籠四周，或開啟小鳥專用的保溫燈泡，盡量保暖。

避免過於乾燥

不只溫度，濕度也要注意。記得放置加濕器或濕毛巾等，將濕度維持於60%左右。

特別為病鳥及老鳥保暖

病鳥和老鳥鳥籠的溫濕度管控非常重要，一定要頻繁確認且隨時留意。

飼養重點

迎接雛鳥的季節

文鳥的繁殖期是在9～5月左右的寒冷時期。第一次飼養文鳥雛鳥的新手，最需要注意的是適切保溫。如果可以的話，最好在氣溫不斷升高的春季，或氣溫尚未全面下降的初秋取得文鳥。親鳥若在秋天繁殖，體力不會太差，因此通常能孵育出體質較佳的雛鳥。

文鳥喜歡的習慣

利用互動時間增進交流

搭話

文鳥是會透過叫聲溝通的生物，記得每天都要對牠們說「早安」、「晚安」、「我出門了」，相信牠們一定會聽懂。

【注意要點】

文鳥會知道別人在叫自己的名字，請多多呼喚牠吧！

撫摸

如同感情很好的成對文鳥會幫對方理羽那般，文鳥非常喜歡被最愛的飼主撫摸。

【注意要點】

撫摸時只能摸頭。雌性成鳥會因為身體接觸而發情甚至產卵，所以請不要過度觸摸。

將文鳥喜歡的事化為習慣

文鳥有著旺盛的好奇心及探究心，常會用心觀察一起生活的飼主。文鳥間的主要溝通方式是鳴叫，飼主在與文鳥互動時，也請發出叫聲，或用人類的語言和文鳥搭話。文鳥相當重視夥伴間的情感與交流。像是搭話、用指尖撫摸頭部、讓牠們停在手指或肩膀上等親密接觸，文鳥都非常喜歡。

雄性文鳥偶爾會用鳥喙摩擦棲木的兩端，這是在對身旁的人表達「我喜歡你」的意思。假如文鳥在飼主身邊做出這種舉動，飼主不妨也用相同節奏敲一敲棲木的邊緣，這個動作將能表達「我也喜歡你喔」，文鳥一定會很開心。

像這樣跟文鳥玩遊戲，對飼主和文鳥而言，都是極其幸福的時光。文鳥在成長為成鳥之後戒心會變強，因此在還是幼鳥

唱歌

雄鳥會唱歌求愛，這種行為稱為「啁啾鳴唱」，是雄鳥獨有的鳴叫方式。牠們在出生後約1個月就會開始練習鳴唱，出生約半年後就能完成旋律。

【注意要點】

雄鳥在主張地盤時也會唱歌。而且雖然很罕見，但雌鳥也會發出類似雄鳥練習鳴唱的叫聲。

吃飯

吃飯對文鳥而言是一大樂事。除了每天的主食和副食之外，每週1次的點心時間更是無上的幸福瞬間。在文鳥最喜歡的點心時間，用水果、異於平時的蔬菜、小米穗等食物，跟文鳥來場歡樂交流吧！

【注意要點】

副食品和點心別餵太多。

遊玩

文鳥非常喜歡玩耍，有些喜歡緞帶和盪鞦韆，也有些喜歡窗簾橫桿和家具等。試著找出文鳥愛好的東西吧！

【注意要點】

成長為成鳥後，會對所有初次看見的東西感到恐懼，因此從幼鳥開始，就必須讓牠們慢慢習慣鞦韆等玩具，培養出碰到新東西也不害怕的膽量。不過文鳥也有好惡，所以必須探尋牠們喜愛的玩耍方式。

的時候，就要先給文鳥各種玩具，讓牠們加以熟悉。

請一定要試著將文鳥喜歡做的事情化為習慣，跟文鳥一起度過快樂的時光。

飼養重點

玩耍方式不勝枚舉

文鳥有著多變的性格，玩耍方式更是百百種。有些文鳥喜歡跟飼主一起拉扯面紙，有些文鳥則喜歡鑽入衛生紙筒芯等狹窄的地方，還有不少文鳥似乎很喜歡被主人捏住鳥喙。探尋文鳥喜歡什麼的過程很令人開心，但是絕對不能強迫牠們喔！

不可以有的習慣

使文鳥害怕或發出警告的行為都是關係惡化的原因

追逐
會使文鳥感受到生命威脅

【理由】
對文鳥而言，一旦被追逐，便會出自本能地感受到「被襲擊」的生命威脅。

【影響】
原本只是想玩追逐遊戲，卻可能在不知不覺間催生文鳥的不信任感，使良好關係產生裂痕。

斥責
會被文鳥討厭

【理由】
就算文鳥做了讓人想責罵牠的行為，原因大多也是由飼主所引起。做文鳥討厭的事情、提高音量，或甩開文鳥等舉動，都只會讓文鳥感到害怕。

【影響】
可能使文鳥討厭飼主。所以就算文鳥做了令人憤怒的事，也要忍耐。

了解文鳥的習性

文鳥仍然保留著身為野生動物的一些規矩。某些行為對飼主而言雖然再自然不過，卻可能使文鳥害怕或不開心。為了維繫文鳥和飼主間的信任關係，一定要理解這些習性，用心維持能讓文鳥安心的對待方式及舒適環境。

文鳥在自然界中是被捕食的對象，經常成為狩獵者的目標。而「被追逐」的狀況將會迫使文鳥想起「遭獵食者追趕」這種最討厭的原始情緒。因此放風時，絕對不可以追逐文鳥。此外，文鳥在威嚇對手時，會將鳥喙指向對方。用鳥喙對著其他個體，就是在表現敵意，所以飼主用筆尖等指向文鳥的舉措，對文鳥而言，與充滿敵意的威嚇行為無異。當原本最信任的飼主對自己展現敵意，文鳥的內心該有多麼震驚啊，請記得千萬不要用尖銳物品指著文鳥喔！

一直放風不管
生活節奏會亂掉

【理由】

飼主依自己方便，今天有時間就放風久一點，沒時間便不放風，這種做法是不行的，可能會害文鳥搞壞身體。

【影響】

每次放風時間約為30分鐘～1小時。如果文鳥很喜歡放風，請增加放風次數，而非變更每次的長度。生活節奏是最重要的。

用尖銳物指文鳥
等同於威嚇行為

【理由】

絕對不可以用筆尖等尖銳物指向文鳥，這跟用鳥喙威嚇對手的行徑有著相同意涵。

【影響】

就文鳥看來，尖銳物品就如同鳥喙般。這樣的舉止很可能會破壞文鳥跟飼主之間的信任關係，請不要這麼做。

東西沒收好
會導致文鳥受傷

【理由】

放風時的文鳥，尤其是亞成鳥，會對各式各樣的東西產生興趣。縫紉工具、剪刀、美工刀和菸等物品，都可能造成受傷及意外。

【影響】

對人類而言不具傷害的小物品，對文鳥來說卻有可能攸關生死。記得養成在放風前整理房間的習慣。

飼養重點

幼鳥愛啃咬的原因

在幼鳥時期，文鳥有時會啃咬人的手指或手臂。這種行為其實是學習期的文鳥正透過自己的鳥喙探索著各式各樣的事物，同時也是確認物體觸感、練習吵架及築巢的一環，所以請不要斥責牠們的啃咬行為。在文鳥會啃咬的時期，若能更加溫柔地對待牠們，文鳥就會培養出溫和的性格。

只要去觀察一對感情融洽的文鳥，就能發現一件事，那就是文鳥會在生活中彼此關切，這是聰明的文鳥所特有的習性。就像感情極佳的成對文鳥那般，飼主也要多多為文鳥著想，維持良好的信任關係。

去除鳥籠內的障礙

老鳥的身體變化

隨著年歲增長，文鳥的體力和代謝會變差，動作也會變得孱弱緩慢。

【眼睛】
可能因白內障而造成視力退化，有時會失明，因此最好別改變鳥籠內的擺設。

【鳥喙】
變得彎曲或難以咬合。若鳥喙長得太長，就得請專業人員修剪。

【體重】
體重會減輕，主因是占體重1/4的大胸肌衰微。如果過了7歲體重還在增加，就要懷疑有長惡性腫瘤的可能。

【腳】
抓握的力道變弱，無法抓住棲木。腳力也會衰退，將更常步行，難以再跳躍。

【羽毛】
由於代謝障礙，羽毛的韌性和光澤都會消失。

當出現老化跡象就要改變照料方式

文鳥的年紀超過7歲之後，就會被歸類成老鳥。每隻文鳥出現老化徵兆的年齡都不一樣，依健康狀態不同，甚至有文鳥從4歲起就開始老化。

變成老鳥之後代謝變差，會越來越難維持體溫。如果文鳥看起來很冷，請為牠們調整保溫燈，別讓鳥籠內的溫度低於20℃。放風時也要調整空調，使室溫高於20℃。此時文鳥的黏膜也變得脆弱，因此濕度要維持於60～65%。視力會因白內障等問題退化，體重會逐漸變輕，腳力也會衰退，變得難以跳躍、更常步行。如果文鳥已經沒辦法繼續站在棲木上，就要調低棲木的高度。倘若已經完全站不住，就把2根棲木並排擺放到鳥籠底部，方便文鳥站上去。若鳥籠底部是網狀，要鋪入捲簾等道具。文鳥將會越來越行動不便，所以

籠內擺設

文鳥的眼力會變差，行動也會越顯困難，
因此記得別再改變鳥籠內的擺設。
讓文鳥能一如往常地生活最重要！

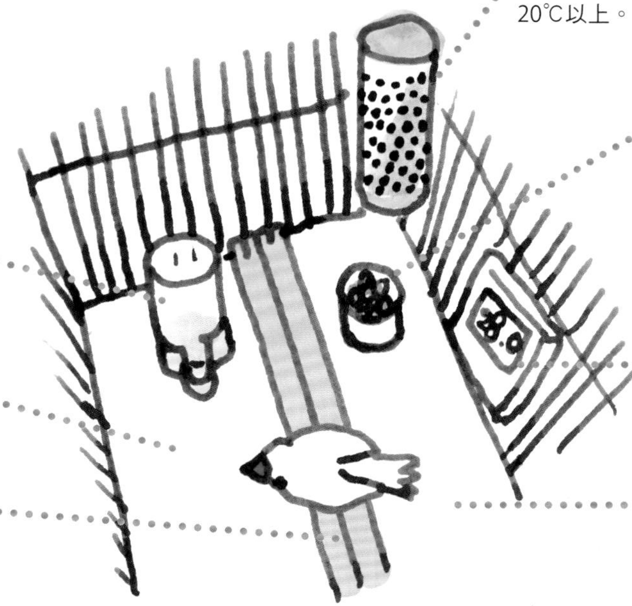

用保溫燈使溫度維持於20℃以上。
飼料盒要放在棲木的附近。
水罐放在棲木附近。
頻繁地確認溫度。
用心打掃乾淨。
棲木盡可能放在較低位置。如果文鳥已經無法站到棲木上，就在底部並排2根棲木。
會有更多時間待在鳥籠底部，因此底面不能是網子，要用板子等道具鋪平。

飼料盒和水罐都要盡量擺在附近。接著，一旦決定好擺放方式，就不要變更。因為文鳥也可能失明，假如位置變了，就會弄不清楚東西到底放在哪裡。

飼養重點

其他老化徵兆

老鳥的換羽變得不規則，掉羽毛與季節無關，長出來的羽毛也稀稀疏疏的。雌鳥不再產卵，雄鳥不再唱求愛歌曲。睡眠時間變長，但生病也會導致睡得更久，若發現文鳥有食慾不振等情形，就要前往動物醫院求診。

跟老鳥相處的方式②

配合老鳥的步調過日子，不要勉強牠們

進食

老鳥的消化吸收能力變差，因此要增加食物的分量。
出現未完全消化的糞便時，最好餵食滋養丸。
但許多文鳥都不把滋養丸當食物，建議從幼小時就讓牠們熟悉。

混合種子、滋養丸

老鳥為了維持體溫，會開始大量攝取主食。
能量補充是相當重要的，請多給些牠喜歡的主食。

蔬菜、水果

副食品和點心都依往常的步調提供。
蔬菜和水果的水分較多，會使身體發冷，所以別給太多。

慎重度過與老鳥相處的珍貴時光

老鳥的內臟機能衰退，消化吸收能力變差，所以即便沒有生病，未完全消化的糞便也可能增加。正因如此，文鳥成為老鳥之後，會攝取更多飼料。為了幫助牠們維持體溫，主食記得要多提供一些。面對一直以來全部都吃的混合種子，文鳥此時的好惡可能會變得更為顯著，假如文鳥挑嘴，就多給一點喜歡的種子，讓牠們充分補充能量。維生素則須透過營養補充劑來補充。

此外，代謝變差會引發羽毛脫落，心臟衰弱則會導致容易疲累，因此絕對不能勉強文鳥放風。基於野性本能，文鳥會刻意掩飾自己衰弱的模樣，也不希望飼主知道自己已經老化。文鳥其實讀得懂飼主心中認為「變老了好可憐」的情緒，為了避免讓文鳥覺得「我已經虛弱到連主人都看

異狀／疾病

由於體溫降低，免疫力隨之衰退，因此更容易生病，受傷時也會復原得比較慢。請比以往更加留意文鳥的健康狀況。

動物醫院

前往動物醫院看診的頻率變高。記得聽醫生的建議，多多體恤老鳥。

外出籠

為了方便往返醫院，外出籠的擺設也要變更成適合老鳥的形式。別忘了調整底面！

遊玩

腰和腿變得衰弱，鳥喙的咬合也變差了，以往的玩具和遊戲可能都很難再玩。

別增加鳥喙的負擔

鳥喙也會變得脆弱，所以必須叼著玩的玩具，要盡可能選擇不會造成負擔的材質及重量。

不要勉強放風

如果文鳥不想飛，就不應該放風。即便是文鳥自己想要飛行，放風時也要充分留意。

文鳥小知識

最終的送行

文鳥的壽命約莫10年。當一起度過美好時光的文鳥天年將盡，請照顧陪伴牠們直到最後一刻。處理遺體的方式，可埋葬在庭院或陽台，或於專業的寵物墓園進行火葬。記得要衷心感謝文鳥帶來的寶貴時光，鄭重地送文鳥離去。

得出來了嗎？」，除了溫柔照看之外，相處的過程中，也請別讓文鳥察覺飼主不安的心情。

請傾注大量的愛，與文鳥共築穩固的信任關係，用同樣的態度對待文鳥，直到最後一刻。

文鳥的健康管理

在檢查清單上做記錄，不放過任何變化

體重管理

要維持適當的體重（22～33g）。

記錄體重的變化

每天放風時，建議養成測量體重的習慣。觀察得知最佳體重之後，就能從體重變化察覺出身體的異常情況。測好體重後記錄下來，在文鳥狀態不佳上醫院時，就會成為寶貴的資訊。

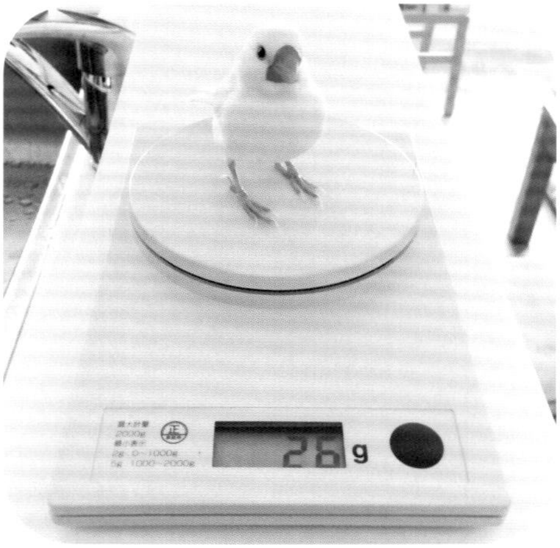

如果太胖就得減肥

若文鳥胖到超過適當體重，就必須考慮減肥。然而，過度限制餵食量卻很危險。別給太多飼料、多費點心思布置鳥籠、延長放風時間等，用這些方式讓體重自然減輕吧！

為了不忽略疾病及傷口 每天觀察很重要

文鳥在自然界中屬於被捕食的生物，因此會努力隱藏身體的不適，直到最後一刻。如果精神不佳，就會被夥伴排擠，所以也常將舉止佯裝成健康的樣子。正因如此，當文鳥的狀況看起來明顯不好時，病情說不定已經相當嚴重了。

所以，每天在與文鳥互動時就必須觀察，先掌握好「普通狀態」應該是如何。健康時的羽毛色澤、眼眸的光輝、鳥喙形狀、腳的顏色、糞便形狀……等等。理解健康狀態為何，當異常變化發生時才能馬上察覺。請參考清單上的檢查項目，再細微的地方都要確認與觀察。

只要平常有好好記錄體重和糞便狀態等，就很容易看出變化，當體重有所增減時，也能即刻做出應變。必須減肥的時候，不應該單純限制文鳥的進食量，而是

檢查清單

檢查清單要
定期記錄。

文鳥的健康檢查清單

2016 年 9 月 25 日（日）天氣 陰

溫度	20 ℃	濕度	60 %
體重	22 g		
飼料量	5g貝殼粉吃掉約一半，1片蘋果		
水量	喝掉水罐約2/3的量		
糞便	有點水便	尿液	稍多
放風時間	50分鐘	睡眠時間	8小時

MEMO
睡前似乎有點興奮。

【溫度、濕度】
在鳥籠附近放溫、溼度計確認。
溫度20～30℃，濕度60%較為舒適。

【體重】
先量好鳥籠及配件的重量，再連同文鳥一起測量，減掉物品重量後就能得出體重。

【糞便、尿液】
記錄顏色、形狀與分量。若有哪裡異於平常，就要詳加記錄。

寫下文鳥當天的狀態，或飼主察覺到的事情。

【放風時間、睡眠時間】
運動時間的管控很重要。當體重增加必須減肥時，就會派上用場。

記錄用的檢查清單附於書末p.124。

準備更寬廣的鳥籠，並稍微延長放風時間，讓文鳥在適當程度內多運動。若有健康管理上的記錄，上醫院時會更容易診斷，進而獲得適當治療。如果能每天記錄最好，依飼主的時間安排每週一次、兩週一次也都ＯＫ，能夠定期、持續最重要！

飼養重點

覺得文鳥狀況欠佳時

發現文鳥異常或身體不適時，有時必須立即帶牠們前往醫院。假如無法馬上帶去看診，在家中的照護就顯得很重要。保溫與加濕是關鍵！如果文鳥無法吃飼料，可試著用溫水調開蜂蜜給牠們喝。請將鳥籠內部加溫到32℃，讓文鳥靜養身體。

每天察看就能預防疾病

檢查身體狀況以防生病

【腳】

□ 爪子變長

確認事項　指甲的長度

對策　適度修剪指甲

□ 變色

確認事項　確認室溫和腳的溫度

對策　若變色持續數日，須前往醫院

【羽毛】

□ 異常脫落

確認事項　是否正值換羽期

對策　老鳥在非換羽期也會掉羽，若大量掉羽超過2週，須前往醫院

□ 羽毛沒有光澤

確認事項　是否正值換羽期、是否營養不良

對策　若超過2週未改善，須前往醫院

□ 羽色和從前不同

確認事項　成長階段的雛鳥羽毛會變色。如果非雛鳥，請確認是否有發炎等問題

對策　若換羽後覺得異常，須前往醫院

【糞便】

□ 排泄孔周遭有髒汙

確認事項　鳥籠內部是否乾淨

對策　若髒污持續數日，須前往醫院

□ 水便

確認事項　室溫是否適當、檢查飼料內容

對策　若水便持續數日，須前往醫院

【其他】

□ 嘔吐

確認事項　有時會為了表現愛意而吐東西

對策　除上述狀況以外的嘔吐，當天就要前往醫院

□ 打噴嚏或咳嗽

確認事項　室溫是否適當

對策　咳嗽時尤其危險，當天就要前往醫院

□ 張嘴呼吸

確認事項　室溫是否過高、是否只是暫時性張嘴

對策　如果持續張嘴呼吸，當天就要前往醫院

確認變化及異常情形 避免發生疾病

雖說這是理所當然，文鳥也跟其他動物一樣，無法透過語言向飼主傳達自己的狀況，但最能懂得文鳥的，就是和牠每天生活在一起的飼主。文鳥出於本能，會刻意掩飾身體的不適，因此每天觀察是非常重要的。如果發覺狀況跟平時不太一樣，別花太多時間繼續觀察，趕緊帶文鳥上醫院吧！上表提供的對策只能當作參考，緊急程度會依各種情況而異。

在情況惡化到來不及處理之前，就要盡量確認有無疾病徵兆。身體的髒污是源於環境，還是因為體況不佳？為了能夠即刻判斷，鳥籠內部必須常保潔淨。只要養成習慣，在打掃時一併檢查文鳥的狀態，就不會忘記確認了。身體不適的跡象，也有可能是意外疾病的前兆。

若必須前往醫院，要先準備好客觀的

檢查是否異常的確認要點

【眼】

□ 眼睛周圍有髒汙
確認事項 鳥籠內部是否乾淨
對策 若持續有髒污，數天內必須前往醫院

□ 眼圈腫脹
確認事項 眼睛能否確實張開
對策 若無法張開，數天內必須前往醫院

【耳】

□ 耳孔周遭有髒汙
確認事項 鳥籠內部是否乾淨
對策 若發現腫脹和髒污，當天就要前往醫院

□ 耳朵腫脹
確認事項 是否流出膿水或鼓膜凸出
對策 若鼓膜凸出或有腫脹，當天就要前往醫院

【鼻】

□ 鼻孔周遭有髒汙
確認事項 室內溫、溼度是否適當
（夏：30℃↓、70%↓，冬：20℃↑）
對策 如果流鼻水，當天就要前往醫院

□ 呼吸時有聲音
確認事項 是否持續發出聲音
（若只有飯後發出，可能是暫時的）
對策 假如持續發出聲音，當天就要前往醫院

【鳥喙】

□ 鳥喙周遭有髒汙
確認事項 鳥籠內部是否乾淨
對策 若變得乾燥粗糙，須檢討飼料的營養是否均衡，狀況如果持續數日則須前往醫院

□ 口內沾黏
確認事項 飼料的營養是否均衡，食慾是否不振
對策 若明顯沾黏且持續數日，須前往醫院；若為雛鳥，當天即須前往醫院

□ 顏色及形狀改變
確認事項 飼料的營養是否均衡
對策 2週後若未改善，須前往醫院，假如程度嚴重則須立刻前往醫院

【腹部】

□ 肚子脹大
確認事項 飼料是否吃太多
對策 可能是過胖或腫瘤，雌鳥則可能是卵阻塞，數天內須前往醫院

□ 看得見黃色脂肪
確認事項 重新檢討飼料內容
對策 可能是過胖，若未改善則須前往醫院

數據，以供醫師了解文鳥的狀態。如果平常有填寫檢查清單的習慣，診療過程就會更加順暢（↓參照p.87，填寫用的檢查清單↓附於p.124）。

飼養重點

找個能夠商量的對象

第一次飼養文鳥，如果有能放心請教的對象，將會格外地安心。獸醫是最能做出適切判斷的商量對象，尤其熟悉鳥類的醫師會更為理想。如果找不到這樣的醫師，最好能設法在有任何問題時，馬上聯絡到當初購買雛鳥的寵物店或繁殖業者。

若有身體不適的跡象

狀況變差時要觀察症狀，並準備前往醫院

【眼】

眼圈腫脹
→眼瞼炎（p.92）

眼睛白濁
→白內障（p.93）

淚眼、充血
→結膜炎／眼瞼炎（p.92）、
氣管炎（p.92）、
滴蟲症（p.92）

【鼻】

流鼻水
→氣管炎（p.92）

【腳】

腳變白、乾燥
→疥癬（p.93）、
甲狀腺機能減退症（p.92）、
角質過度增生（p.93）

腳偏白、指甲變形
→肝功能障礙（p.92）

【耳】

鼓膜由耳中凸出
→滴蟲症（p.92）

【羽毛、皮膚】

鳥喙上段轉白、乾燥
→疥癬（p.93）

頭或脖子有黃色結痂、脫毛
→真菌皮膚病（p.93）

初級飛羽變形
→啄羽症（p.93）

【全身】

發硬、腫脹
→惡性腫瘤（p.92）

肚子腫脹
→肝功能障礙（p.92）、
卵阻塞／產卵閉鎖症（p.92）

臀部垂掛紅色物體
→輸卵管脫出（p.93）

擔心文鳥身體狀況時就要前往醫院

文鳥的壽命約莫7～8年，是生命力相當旺盛的生物。不過，在看得出身體狀況欠佳時，病況往往已經相當嚴重。每天進行健康確認，察覺細小的變化，這麼做就能幫助文鳥預防疾病及傷口惡化。但就算每天認真觀察，文鳥還是有可能突然身體不適。

上面介紹了各種疾病的細微症狀。不論發現文鳥符合哪一種症狀，都應該馬上帶去動物醫院。

能夠診療文鳥等鳥類的動物醫院並不多，因此在飼養文鳥前就要先找好。視情形可能會需要往返醫院或住院，因此也要先查妥醫院的所在地、前往方式及路途所需時間。另外，在第一次帶文鳥回家前，最好先到動物醫院接受健康檢查，且大約每半年就要做一次定期健檢。

症狀及可能疾病

【舉動】

在棲木上磨擦眼睛
→ 結膜炎／眼瞼炎（p.92）、氣管炎（p.92）

不斷打呵欠
→ 滴蟲症（p.92）、氣管炎（p.92）、食道炎／嗉囊炎（p.92）

【糞便、尿液】

血便
→ 球蟲症（p.92）、腸胃炎（p.92）

下痢
→ 衣原體病（p.93）、滴蟲症（p.92）、腸胃炎（p.92）、荷爾蒙異常

糞便過大
→ 惡性腫瘤（p.92）、產卵閉鎖症（p.92）

未完全消化的糞便
→ 球蟲症（p.92）、念珠菌感染（p.93）、食道炎／嗉囊炎／腸胃炎（p.92）

便祕
→ 卵阻塞（p.92）、氣管炎（p.92）

尿酸鹽偏黃、偏綠
→ 肝功能障礙（p.92）

【口】

口內沾黏
→ 氣管炎（p.92）

鳥喙色澤轉暗、轉紫
→ 氣管炎（p.92）、甲狀腺機能減退症（p.92）

鳥喙色澤轉白
→ 肝功能障礙（p.92）、換羽疲勞、貧血

嘔吐
→ 衣原體病（p.93）、念珠菌感染（p.93）、巨大菌感染症（p.93）、食道炎／嗉囊炎／腸胃炎（p.92）、甲狀腺機能減退症（p.92）

痙攣
→ 滴蟲症（p.92）、癲癇性發作（p.92）

呼吸困難
→ 氣管炎（p.92）、卵阻塞／產卵閉鎖症（p.92）、癲癇性發作（p.92）、心臟病（p.93）

啄咬自己的身體
→ 惡性腫瘤（p.92）、自咬症（p.93）

大量喝水
→ 食道炎／嗉囊炎／腸胃炎（p.92）、卵阻塞／產卵閉鎖症（p.92）、中暑（p.93）

前往醫院時，必須將文鳥裝進外出籠，還不熟悉外出籠的文鳥，若這樣出門會很有壓力，因此在平常就要先讓牠們習慣用外出籠出門的感覺（↓參照p.74），這麼做也能減輕文鳥的身體負擔。

飼養重點

各年齡皆有好發疾病

雛鳥時期（出生後半年內）容易罹患滴蟲症、球蟲症、食道炎、嗉囊炎、氣管炎、消化器官障礙及呼吸器官障礙等疾病。出生後半年～6歲左右，雌性成鳥必須注意生殖器官方面的疾病。而7歲過後的老鳥，則容易發生白內障、心臟病、甲狀腺機能減退症、惡性腫瘤及角質過度增生等狀況。

文鳥容易罹患的疾病症狀與注意要點

氣管炎

【部位】鼻、氣管、肺
【症狀或原因】流鼻水、打噴嚏、咳嗽、聲音沙啞、張嘴呼吸等。成因為細菌或寄生蟲感染。
【注意要點】可能會傳染給其他文鳥，因此要避免住在同一個鳥籠。

食道炎／嗉囊炎／腸胃炎

【部位】食道、嗉囊、腸胃
【症狀或原因】吃人類的食物，或因細菌、真菌、寄生蟲感染所引發。會出現消化不良、嘔吐、下痢等症狀。

滴蟲症

【部位】口、嗉囊、耳
【症狀或原因】由寄生蟲滴蟲所引發的感染疾病。會出現食道炎、嗉囊炎、鼓膜凸出等症狀。
【注意要點】留意口中沾黏、經常打呵欠等情況。多發於雛鳥，容易被親鳥或其他雛鳥傳染。

球蟲症

【部位】腸
【症狀或原因】由寄生蟲球蟲所引發的腸內發炎。出現下痢、血便、未完全消化的糞便或體重過輕等症狀。會經由糞便感染。
【注意要點】好發於雛鳥，須小心避免感染。

癲癇性發作

【部位】精神神經
【症狀或原因】因壓力及緊張等原因造成發作。會導致痙攣。

結膜炎／眼瞼炎

【部位】眼
【症狀或原因】眼瞼內側、覆於眼球的結膜發炎，即為結膜炎。眼圈的發炎症狀則為眼瞼炎。
【注意要點】可見充血及淚眼。染病原因有打架導致的外傷及細菌感染等等。

惡性腫瘤（癌症）

【部位】各處
【症狀或原因】有的長在體表，有的長在內臟及骨頭處。突變細胞增生，便會成為腫瘤。病情加重後會出現體重過輕、呼吸紊亂等症狀。

甲狀腺機能減退症

【部位】甲狀腺
【症狀或原因】分泌荷爾蒙的甲狀腺機能衰退，使全身代謝變差。

肝功能障礙

【部位】肝臟
【症狀或原因】脂肪肝、肝炎、肝硬化等所引發的肝功能障礙。

卵阻塞（卡蛋）／產卵閉鎖症

〈雌鳥疾病〉
【部位】輸卵管
【症狀或原因】輸卵管內的卵或卵泡阻塞，導致肚子脹大。成因有鈣質不足、寒冷、荷爾蒙異常等。

心臟病

【部位】心臟
【症狀或原因】飛行後出現疲態或呼吸困難。鳥喙或腳變成紫色，有時會突然死亡。

白內障

【部位】眼
【症狀或原因】視力退化，最後會失明。伴隨著高齡化發生，也可能是由外傷或感染所致。

巨大菌感染症

【部位】胃、腸
【症狀或原因】會出現嘔吐、食慾不振等症狀。由真菌引起。

輸卵管脫出

【部位】輸卵管
【症狀或原因】雌鳥的疾病。臀部會有紅色管狀物垂落。可能因疼痛而出現食慾不振、膨脹羽毛等情形。

自咬症／啄羽症

【部位】各處
【症狀或原因】自行用鳥喙或爪子傷害身體的情況，稱為自咬症；而拔除羽毛的情況則稱為啄羽症。據說成因是壓力或其他諸多因素所造成。

疥癬

【部位】口、腳
【症狀或原因】可能伴隨搔癢。由疥蟎感染所引起。
【注意要點】可能傳染給其他文鳥，因此不可住在同一個鳥籠。

真菌皮膚病

【部位】頭、腳
【症狀或原因】皮膚轉白或轉黃，有時伴隨搔癢。感染原因可能是維生素等營養不足或壓力。

角質過度增生

【部位】腳
【症狀或原因】腳的表面硬化成鱗片狀。有時指甲或鳥喙也會產生異常變化。由營養障礙、代謝障礙、老化等原因所引發。

衣原體病

【部位】各處
【症狀或原因】精神不佳、食慾不振、羽毛膨脹、流鼻水及打噴嚏等。
【注意要點】可能會傳染給人類或其他鳥隻。請戴上預防感染的口罩與手套，並每天打掃鳥籠、清除糞便。將其他鳥兒移到新的鳥籠內，消毒原本的鳥籠。由於必須委外檢驗，診斷上會比較花時間。

念珠菌感染

【部位】口、嗉囊、食道、腸胃
【症狀或原因】口中可能產生白色黏膜塊狀物體。文鳥有時會因口中的異常而失去食慾。也可能感染皮膚等處。

中暑

【影響範圍】呼吸等
【症狀或原因】展翅或呼吸紊亂。起因是室溫過高。
【注意要點】文鳥雖然喜歡溫暖的環境，但也受不了太熱。此時必須降低濕度，並將室溫調節至30℃以下。

文鳥小知識

疾病有許多成因

文鳥的體型和體重皆依個體而異，也經常受雛鳥時期的環境及親鳥遺傳所影響。容易染上的疾病，以及對於細菌、真菌、寄生蟲等感染源的耐受性等，都會有個體差異。癲癇性發作等情形，有時也是神經質或膽小等文鳥本身的性格所致。

※如果有任何疑問，請前往固定看診的醫院詢問。

文鳥生活Q&A①

對飼養前的準備工作感到不安或發生狀況時該怎麼辦？

Q 飼養前除了購買用具，還應該做些什麼？

A 請尋找值得信賴的動物醫院。

事先調查好能夠醫治文鳥、讓人感到安心的動物醫院，否則等到文鳥病情加劇才開始尋找，可能已經為時已晚。診療時間、休診日，以及前往動物醫院的交通路線，都是必須先掌握好的重要資訊。要把生病的文鳥裝進外出籠，並避免在運送過程中搖晃，其實比想像中還要辛苦。從家裡到醫院的路徑，也建議事前先走一次看看。

Q 可以剪羽毛嗎？

A 不可以剪。

就算放鳥出籠，文鳥也只有剛開始約3分鐘會在房裡開心地飛來飛去。有些文鳥4歲過後就不太飛行了。若要預防意外，稍微剪掉初級飛羽也是一種做法，然而，一旦這麼做之後，文鳥將不再飛行，導致大胸肌逐漸衰微變瘦。肌肉變小，脂肪就會增加，維持體溫的能力也會變差。剪羽毛是會害文鳥短命的行為。

Q 剪指甲的頻率為？

A 長到有點危險的狀態再剪即可。

某些個體到了3、4歲，就需要頻繁修剪指甲，不過也有一生都不必剪指甲的個體。指甲不需定期修剪，等到已經長得太長、開始會勾到布料等物品，處於有點危險的狀態時，再將指甲剪到安全範圍內即可。使用人類的指甲刀也可以，但必須挑一支讓文鳥專用，使用前後都要用酒精等進行消毒。

Q 文鳥勾到線，懸在空中！如何處理？

A 馬上剪斷繩索或布料纖維。

有時文鳥會因為腳勾到窗簾、毛巾或毛衣的絲線而懸在空中，這種時候請不要嘗試解開纏住的線，而是馬上剪斷絲線或纖維，以解除文鳥倒掛狀態為最優先。如果文鳥在解開絲線的過程中暴走，會有骨折的風險。在放風時容易被文鳥勾到的衣服，記得不要穿也不要掛在房內。

Q 不小心讓文鳥飛到戶外去了！該怎麼辦？

A 文鳥極有可能待在家附近。

不小心讓文鳥從窗戶飛出去了……這種情況雖然讓人擔心得不得了，但飛到外面去的文鳥，心情才更是恐慌不安。只要文鳥沒有被什麼東西趕走，大多不會離家太遠。此外，文鳥自己也很想回家，因此若開著窗戶，有時文鳥會自己飛回來。他們也可能飛進其他人家中，可以在住家附近張貼尋鳥啟事，或在網路上請求協尋。過去也曾有文鳥被當成拾獲物、交由警察保管的案例。

Q 文鳥經常很暴躁。這是為何？

A 說不定是癲癇性發作。

這可能是好發於文鳥的癲癇性發作。恐懼、不安及低溫等都會引發症狀，年紀越大越有可能出現此種情形。剛發作時，文鳥可能會左右擺動頭部，此時請用溫柔的聲音，告訴文鳥「沒事的喔」，且為了防止意外，必須將牠們留在鳥籠裡。預防的方法，就是用心營造健康生活並排除壓力來源。

Q 不知怎了，一直不會自行進食？

A 只要健康就沒問題。

一般而言，文鳥約從4週齡開始就能自行進食，但晚一些也沒有關係。不管再怎麼慢，到了2個月左右一定可以自己吃東西。人工餵食期間記得放入青菜等，讓文鳥記得這些味道，作為自行進食的準備。文鳥的成長有時會因生病而較為遲緩，如果覺得不安心，就要前往動物醫院求診。

文鳥生活Q＆A②

擔心文鳥生病或身體不適時該怎麼辦？

Q 開嘴呼吸？

A 可能是生病、太熱或體力耗損等所致。

開嘴呼吸的動作雖然令人擔心，卻未必是生病。如果文鳥開嘴呼吸，同時還出現動作遲緩、睡個不停、下痢、不吃飼料等症狀，就極有可能是生病了，必須前往動物醫院求診。如果並非上述情形，則可能是夏季氣溫上升、激烈運動或癲癇性發作後的體力耗損等所引發。

Q 文鳥突然不再鳴叫了？

A 有氣管炎、甲狀腺機能減退症的疑慮。

首先，這有可能是染上了氣管炎（感冒），症狀為呼吸時伴隨咻咻聲、咳嗽等等。此時要跟照顧雛鳥一樣，幫文鳥保溫、保濕，並前往動物醫院求診領藥。若是甲狀腺機能減退症，則無法在家中療養，必須馬上前往動物醫院看診。

Q 看起來怎麼病懨懨的？

A 可能是沒有吃飯。

有可能是鳥喙卡了異物，導致文鳥無法吃飼料。若是雌鳥，也可能是卵阻塞或生病了所造成。不過，經常聽聞因為飼主不夠用心，導致飼料不足的案例，如果發現原因出在飼料量不夠，就要比平時更努力保溫、保濕，並用溫水調開蜂蜜給文鳥飲用。

Q 雛鳥的肚子脹脹的，為什麼？

A 說不定是腸胃炎或肝臟肥大。

將雛鳥翻面，觀察一下肚子吧！如果肚子變得有點發黑，就是腸胃炎，若肝臟變大或顏色發青、發紅，則可能是肝臟肥大所致。若有糞便未完全消化、精神不佳、目光空洞等症狀，請立即諮詢獸醫師。

Q 雛鳥頸部的羽毛立起來了？

A 這是相當危險的發冷狀態！

就跟成鳥寒冷時會膨脹羽毛般，雛鳥寒冷時也會豎起羽毛。尤其頸部羽毛立起之際，表示正在承受危險至極的寒冷，因此必須立刻保溫、保濕。對雛鳥而言，寒冷會直接導致死亡。如果雛鳥覺得冷，就算餵食也不會想吃。請充分留意！

Q 鳥籠內的溫度和濕度上升不了，該怎麼辦？

A 要靈活運用保暖設備。

所謂的適溫／適濕，在2週齡時為30～32℃／80％以上，3週齡時為28～30℃／70％以上，4週齡到8週齡間約為25～28℃／60％以上。在極需高溫的雛鳥時期，可以使用小動物專用的保溫燈泡。於鳥籠周圍覆蓋布巾或薄板，溫度也會上升。使用可自動調節溫度的控溫器，就能防止溫度飆高的意外傷害。假如難以維持80％的溼度，也可以將不會滴水的濕毛巾置於保溫燈上方，並且以緩衝氣泡墊覆蓋籠子等等。

Q 文鳥為何不接受餵食？

A 各種原因都有可能。

可能是環境或飼主改變所產生的壓力、飼料溫度過低、進食時室溫過低、還不到吃飯時間、進入想要自行進食的階段等因素。此外，也可能是因食滯或疾病而無法進食。不清楚原因的時候，最好盡快前往動物醫院求診。

Q 不知怎的猛喝水，讓人很擔心！

A 有生病的疑慮。

如果文鳥不吃飼料，只一個勁地喝水，很有可能是鳥喙內卡有異物導致無法進食，或受細菌及病毒感染所致。文鳥的身體嬌小，耐力不足，光是一天沒吃飯就可能死亡。請委託獸醫師，進行適切的投藥等處理。

COLUMN

欣賞文鳥相關作品

日本人自古便寵愛文鳥，受文鳥啟發的作品種類多樣。小說、漫畫、繪本與CD，讓我們一同沉浸於文鳥的世界裡吧！

說到文鳥作品，相信各位腦海中首先浮現的，必定是夏目漱石的短篇小說「文鳥」。在日本，這篇作品常跟作者書寫個人夢境的「夢十夜」一同收錄，但「文鳥」的故事與夢無關，其實是漱石以自身養過的文鳥為題所寫成的「私小說」。

另外，漫畫家今市子的長青漫畫作品《文鳥與我》，充滿了對文鳥的疼愛之情，從1996年開始連載，至今仍未完結。這部名作以第一代文鳥阿福（雄性白文鳥）為首，描繪了眾多文鳥的生活。而漫畫家過去的助手汐崎隼，在收養了誕生於2007年的淡雪（雄性櫻文鳥）之後，將他與淡雪間的生活情景畫成了漫畫《無聊的鴿胸文鳥》。

繪本部分則要介紹《小嗶之歌 My Little Friend》，書中還收錄了書名所提及的小嗶之歌樂譜。除了紙本作品，市面上也有發行以文鳥為主題的CD。由Momi Buncho Lab所演唱的「文鳥之歌」以及「文鳥當家」，樂曲中飽含對文鳥的滿滿情感，既機靈又可愛。

試著接觸這些文鳥作品，度過更豐富的飼養生活吧！

大文豪所描寫的文鳥故事

《文鳥・夢十夜》　小說／夏目漱石 著

新潮社出版　定價／430日圓＋稅

這本私小說的舞台設於明治30年左右。主人公在童話作家鈴木三重吉的勸說之下，以5日圓（約相當於現今的10萬日圓）收養了三重吉的文鳥，為首次飼養文鳥展開了一番苦戰。

「文鳥似乎總在叫著『千代千代』※。會喜歡這樣叫，代表三重吉應該經常呼喊『千代千代』，或者正在迷戀一位名叫千代的女子吧。」

這段情節將文鳥的可愛叫聲比擬成女性名字。原本曾相當努力親自餵食的主人公，竟漸漸失去飼養文鳥的熱情，後來……。

和漱石的名作「夢十夜」收錄於同本書的短篇傑作「文鳥」，讓人得以一窺明治時代飼養文鳥的情景，作品既平靜、有趣又意味深長※。

※指文鳥叫聲接近日語中的「千代」（chiyo）發音。

※中文譯作則是將「文鳥」與「心」收錄於《文鳥與心》（好讀出版）一書中。

本領高超的文鳥飼養實況漫畫

《文鳥與我》　漫畫／今市子 著

青泉社出版　定價／720日圓＋稅

日文書名為《文鳥様と私》。從1996年開始連載至今的長青作品。目前在漫畫雜誌《Mystery Blanc》上連載，單行本在2016年8月已發售至第16集。作者今市子除了文鳥相關作品之外，還有驚悚及奇幻類型的其他著作。20年來，她以輕巧的筆觸描繪她與文鳥們的生活情景，內容不落俗套且饒富深趣，可一窺文鳥與同伴間的深厚關係。

刻畫與小嗶之間生活情景的繪本

《小嗶之歌 My Little Friend》

繪本／坂崎千春 著

青春出版社出版　定價／1,000日圓＋稅

日文書名為《ぴーちゃんの歌　My Little Friend》。可愛少女「小豬」的身邊來了一隻文鳥雛鳥——小嗶。從那天開始，兩人的生活有了變化。有點蠢又很可愛的小嗶，究竟為小豬帶來了什麼美妙禮物呢？這本讓人暖徹心扉的繪本，描繪了少女與某天將會啟程離開的小小生命間的心靈交流。這是以《企鵝HEART》、《金魚之戀》為人所知的作家坂崎千春筆下的名著。書中也刊載了「小嗶之歌」的樂譜。

擁有鴿胸的文鳥，阿淡的故事

《無聊的鴿胸文鳥》　漫畫／汐崎隼 著

イーフェニックス出版　定價／900日圓＋稅

日文書名為《鳩胸退屈文鳥》。作者汐崎隼曾擔任漫畫《文鳥與我》作者今市子的助手。這本隨筆漫畫描繪了他與從今市子那裡獲得的文鳥淡雪（綽號阿淡）一起生活的情景。大受人類女性歡迎的阿淡，即使在炎熱的夏季也會鼓起身體，努力創造如鴿子般圓渾膨脹的胸部「鴿胸」。書末還收錄了專業鳥獸醫師的單篇漫畫故事「哼歌鳥兒」（ハミングバード）。全書充滿歡樂溫馨的氣氛。

想跟文鳥一起歌唱嗎？ 文鳥之歌變成CD了！

《文鳥之歌／文鳥當家》

CD／Momi Buncho Lab

Momi Buncho Lab Shop　定價／1,500日圓＋稅

日文專輯名為《文鳥のうた／文鳥のおるすばん》。由搖滾樂團「podo」主唱Masudapodo與Masuda Ami夫婦所組成的文鳥用具製作團隊「Momi Buncho Lab」打造而成的文鳥歌曲。當中收錄的曲目有描繪文鳥開心洗澡的可愛模樣、充滿文鳥情感的「文鳥之歌」，以及描述文鳥等待飼主回家心情的「文鳥當家」。光碟紙套上畫有文鳥近距離的模樣，相當吸睛。團隊名稱取自夫婦倆所飼養的白文鳥「Momi」。

第三章

如何跟文鳥交流？

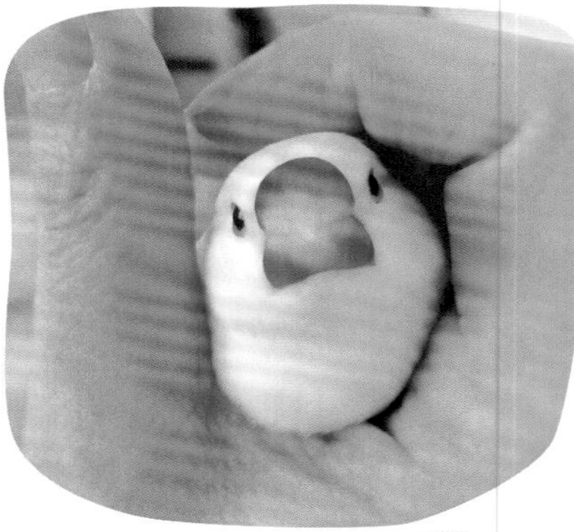

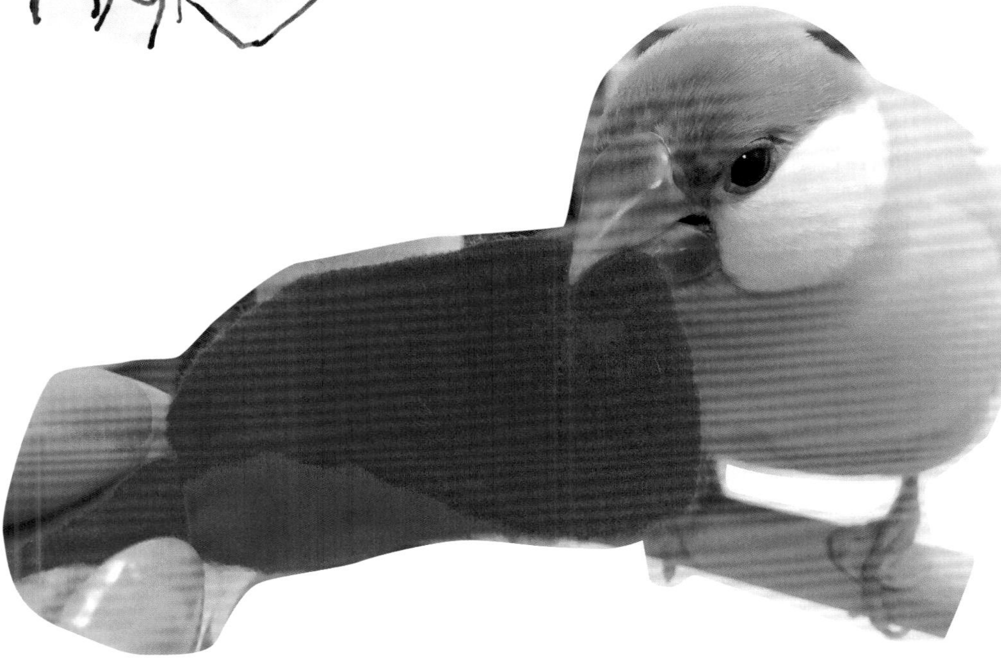

跟文鳥互動的時光是最快樂的！
而且，這同時也是能使文鳥常保健康，
並與飼主建立信任關係的重要習慣。
試著找找，哪一種玩耍方式最符合文鳥的喜好呢？

和文鳥度過歡樂時光的遊玩方式

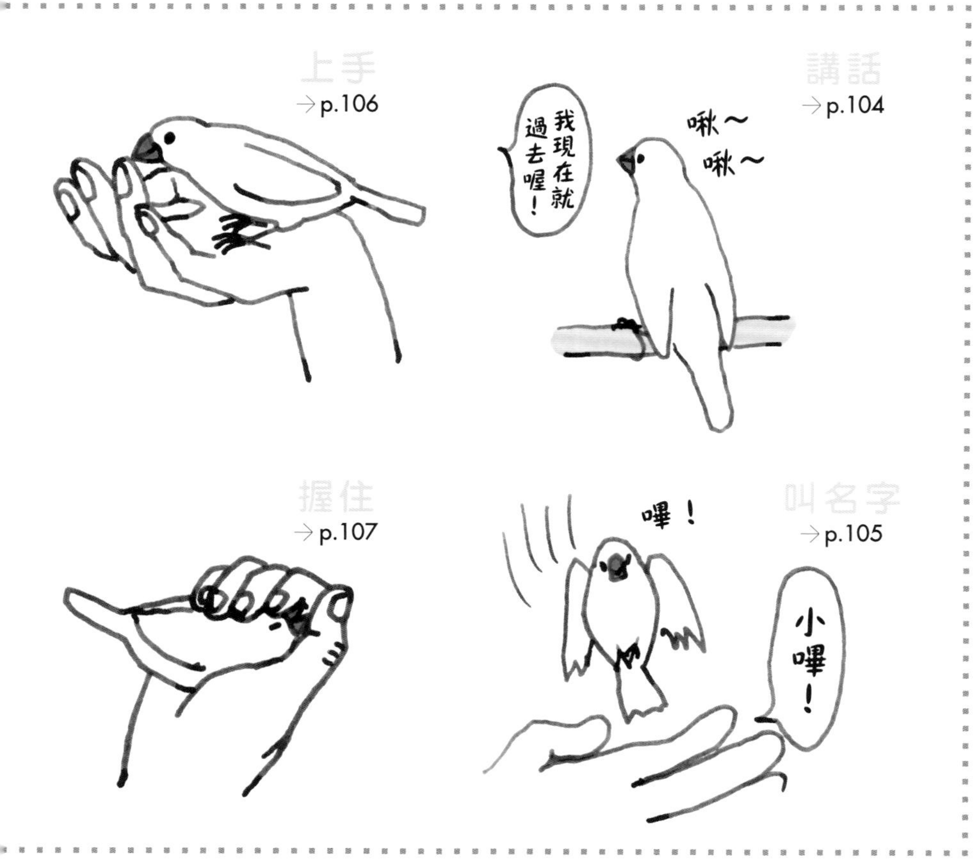

尊重對方，成為好夥伴吧！

嬌滴滴的舉止，望向此處的目光……文鳥的姿態實在相當療癒人心。跟飼主變親密之後，牠們就會整天黏著飼主，認為飼主是自己的夥伴。那願意與人一同享受生活、惹人憐愛的模樣，實在是文鳥最大的魅力所在。

文鳥感受到我們多少的愛，就會做出多少回應。呼喚文鳥的名字、跟牠們說早安和晚安，且被文鳥叫喚時就要回答，也別忘了經常跟牠們對話！若能以「我很喜歡你喔！」的溫柔情感來對待文鳥，牠們在相處時的心情也會更加安適，將飼主視為地位相當的夥伴。倘若做出不可一世的舉止，或流露出照顧者的優越態度，文鳥說不定就不把你當作好夥伴了。

文鳥從約4歲開始心思會更加細膩，與飼主間的互動也會越來越順暢。只要每

拉拉扯扯

→p.111

捏鳥喙

→p.108

爬樓梯遊戲

→p.110

拍照留影

→p.112

麻糬坐姿

→p.109

天都溫柔地跟牠們對話及接觸，文鳥就能學會各種事情。讀者不妨嘗試一下從次頁開始的各種互動方式，跟文鳥共度歡樂充實的時光！

互動重點

無法順利交流的時候

講話時要看著文鳥，避免態度焦躁、或用「為什麼都不跟我親近！」之類不耐煩的語氣說話，文鳥會讀懂我們的心思。當飼主想要互動時，文鳥未必也有相同的心情，因此請別刻意勉強牠們。不要放棄，不慌不忙地繼續嘗試吧！

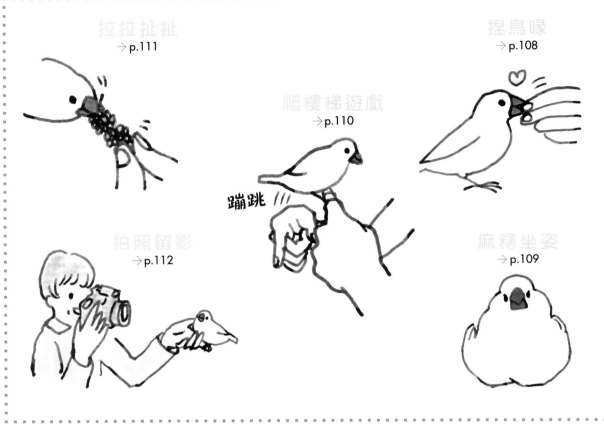

每天都對文鳥說話就能心意相通

文鳥會有喜怒哀樂，而且很擅長將心情傳達給飼主和夥伴。鳴叫方式依個體差異而五花八門，下方列舉了一些常見的例子，請當成參考。為了回應文鳥的心意，請飼主對文鳥說話，或試著學文鳥鳴叫。相信文鳥也會覺得「表達心意之後主人有反應！」而非常開心。相反地，假如總是忽視文鳥的呼喚，文鳥就會漸漸變得不想跟飼主交流。關鍵在於，要讓牠們實際感受到心意能夠傳遞而有所期待。

鳴叫方式的種類

吱！吱！吱！
為了表達某種希望，而呼喚親近的對象。

吱！
被呼喚時的回答。雌鳥的聲音聽起來比雄鳥尖銳。

啾咿～喲♪ 啾咿～喲♪
啾～喲啾喲啾喲♪
雄鳥在傳達自我主張，約10秒長度的歌曲。在面對喜歡的對象、競爭對手，或有意識地主張地盤時都會唱。

價！價！
雛鳥開口求食時的撒嬌叫聲

鏘！鏘！
雌鳥特有的尖銳鳴聲。發情時，可能會對還未相見的對象鳴唱，藉此求愛。

嗶
宣示自己存在的聲音。有人經過時就會小聲鳴叫，表達「我在這裡喔」。

Q～…、啾～…
用從遠處難以聽見的微小音量，要求近處的夥伴或親鳥進入巢中的語言。

喊喊！
有拒絕、恐懼、憤怒、警戒等負面意涵的語言。

喊喊喊！
在堅決抗拒或飛行逃走時會發出的聲音。比喊喊更為強烈。

給給給！
看見或親身感受恐怖事物時會發出的聲音。同時也是要夥伴提高警戒的暗示。

嘎－嘎－
感受到生命危險時會發出的聲音，有些文鳥光是被人握在手中就會這樣叫。

嚕嚕嚕
彷彿低吼般的低鳴，用來對靠近者發出輕度威嚇。

嘎嚕嚕嚕嚕
同時張開鳥喙做出啃咬般的舉動，表示威嚇。比嚕嚕嚕更為強烈。

呼嘻、呼嘻、呼嘻…
位於暗處的雛鳥或失明的老鳥，用來威嚇看不見的對手、不成語言的聲音。

叫名字

跟文鳥拉近距離就是交流的第一步

當文鳥持續不斷地聽見別人呼喚，就會聽得懂自己的名字，判斷出「這是在叫我」。如果牠們有意願，也可能會飛向呼喚者，或轉向呼喚者的方向。而當文鳥不理不睬的時候，可能是不曉得有人正在叫喚自己，或者選擇無視。

雖然不是所有文鳥都認得自己的名字，但經常被飼主搭話的文鳥，其實比較可能聽得懂。除了叫喚名字，假如還能對文鳥講話、唱歌，或模仿啁啾的聲調，文鳥就會理解飼主正在透過聲音跟自己溝通。像這樣的文鳥，就會去聆聽飼主說話的內容。

互動重點

①一開始就算沒有反應，也要持續叫文鳥的名字

②呼喚的聲音不要太大

③就算文鳥還聽不懂、沒有反應，也不可以生氣

養成習慣，多多叫喚文鳥吧！

注意要點

依心情或個性不同，文鳥有時會對自己的名字無動於衷。但若能耐心地持續叫喚，文鳥也可能變得有所反應。

文鳥認同
飼主是夥伴的證據

若從雛鳥時期就開始餵食養育，文鳥就會願意站在飼主的手上。牠們出生後2~3個月會開始雛鳥換羽（↓參照p.28），到大約5個月時會結束。據說文鳥的好惡在這段時間就會定型，因此一定要把握此時期，努力成為牠們的夥伴。為此，飼主必須用心照料，勤於跟文鳥說話互動。若採取高壓的對待方式，牠們就會不願意親近主人。而比起一次飼養好幾隻，只養一隻的情況下，文鳥願意站上人手的機率比較高。

此外，就算曾經成為手玩鳥，假如一直不陪文鳥玩、放著牠們不管，別說是站上人手了，牠們甚至可能不再信任人類。一定要持續交流，才不會失去文鳥的信賴喔！

互動重點

1. 從雛鳥正值學習期、換羽結束之前就要著手
2. 別做文鳥討厭的事
3. 文鳥願意上手後，就要養成習慣，不能中斷

站到主人手上，就是文鳥敞開心扉的證明

注意要點

觸摸文鳥之前務必要洗手。用餐或烹飪後，抽菸或化妝後，使用指甲油、護手霜及香水後，都要避免直接接觸。

握住

親密度更高上手的進化版

用手指將手心裡的文鳥溫柔包覆，「握住」這個動作是站在飼主手上的進化版。文鳥上手時尚能自由行動，但「握住」時則必須乖乖待著，因此做起來會更有難度。喜歡被握住的文鳥，會在飼主手中舒服地打起盹來。如果不是全然信任飼主，文鳥就不會乖乖待著，因此一定要先加強自己和文鳥之間的夥伴情誼。

首先，如果手掌冰冷，就要先溫熱。其次，等文鳥站到手上安定下來之後，再將手指緩緩靠放到牠們的身體上。記得要留有間隙，維持鬆動，不能握成緊貼的密閉狀態。如果文鳥似乎想離開，就要馬上讓牠們出來。

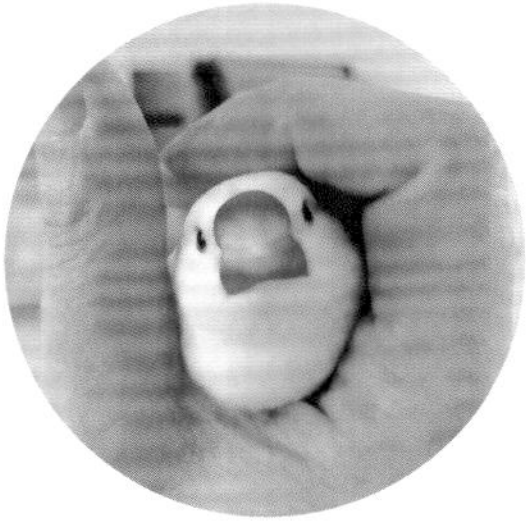

基本玩耍方式

①將手充分溫熱
②放風時，讓文鳥站在手心上
③緩緩彎曲手指，握住文鳥

注意要點

手掌蜷曲的形狀跟鳥巢相似，因此有時會導致雌鳥發情。若有發情的徵兆，就請避免這樣做。

絕對不可以用冰冷的手握住文鳥

捏鳥喙

文鳥喜歡的身體接觸習慣

似乎有不少飼主雖然很想摸文鳥，卻不確定摸哪裡才不會被牠們討厭。每隻文鳥雖然各有不同，不過被撫摸時會感覺舒服的地方，通常都在鳥喙附近。摸摸鳥喙根部，文鳥看起來會很享受。做得到這個動作之後，可再試著用大拇指和食指捏住鳥喙。一旦捏住，文鳥就會想拔出來，此時請用無法輕易拔出的力道捏好，但當然也不能捏得太用力。此外，若文鳥有啄咬飼主的習慣，在牠們咬人的時候捏住鳥喙，有時就會停止啄咬。

基本玩耍方式

1 撫摸鳥喙根部

2 等文鳥習慣之後，
便可撫摸鳥喙前端

3 用捏住的方式撫摸

注意要點

當鳥喙處於異常狀態時，就不能觸摸。假如文鳥不喜歡被摸，就不要執意勉強。

麻糬坐姿

圓滾滾的可愛模樣擄獲飼主的心

這是文鳥把腳藏在身體下面，正在放鬆的姿態。由於外型很像「麻糬」，文鳥愛好者便把這種狀態的文鳥稱為「麻糬」。尤其當白文鳥出現這個姿態時，那模樣跟日式甜點「鏡年糕」簡直如出一轍，總讓飼主看得心兒怦怦跳。

文鳥的這種姿態擁有超高人氣，甚至還有專為欣賞麻糬姿態而飼養白文鳥的「麻糬愛好者」。文鳥在想睡覺或放鬆時，都會變成麻糬狀態，飼主看見這種姿勢，也會感到心裡暖暖的。

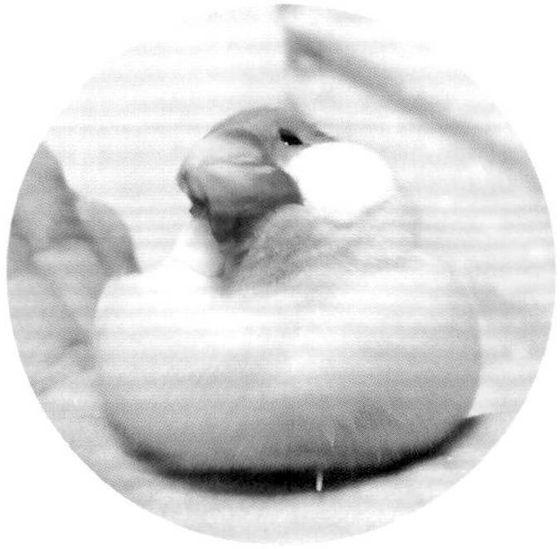

『麻糬坐姿』的條件

1.文鳥感覺放鬆

2.願意站在飼主手上的文鳥，
較可能在手掌上做這個動作

3.在桌面等平台上，
也較容易出現這個動作

可愛的「麻糬坐姿」，表示文鳥相當自在

注意要點

麻糬坐姿是無法誘導文鳥做出的動作，
等文鳥站到手上之後，要一邊對牠說話
一邊耐心等候。

爬樓梯遊戲

不用道具就能玩 顯現出文鳥的慧黠

雖說是「爬樓梯」，其實並不需要準備什麼遊戲道具。首先將手指平放，讓文鳥停在上頭；接著以相同方式，將另一手的手指放到再高一些的位置，讓文鳥輕巧地跳上去。重複這些步驟，就成了爬樓梯般的遊戲了。

對於出生超過30天、剛開始會飛的雛鳥而言，這個時期的任何新體驗都相當有趣，記得要讓牠們養成只要伸出手指就會輕輕跳上去的習慣。此類遊戲也會變成放風時的運動，建議從這個階段就開始跟文鳥玩。玩著玩著，每當文鳥站到飼主的手指上時，對雙方來說，都會是件很開心的事。

基本玩耍方式

①伸出一根手指，
讓文鳥站上去

②將另一手的手指伸到比①
高的位置，讓文鳥站上去

③重複①～②

有節奏地輪流伸出左右手的手指

注意要點

這個遊戲必須讓文鳥站到手指上，因此前提是文鳥不能討厭上手。從學習期開始，就養成一起玩遊戲的習慣吧！

拉拉扯扯

文鳥會不知不覺全心投入的互動方式

若在籠內插入青菜或小米穗，有些文鳥會用鳥喙整個拉出來。文鳥非常喜歡拉扯東西。利用這個習性，其實也可以跟文鳥玩遊戲。飼主可以拿著小米穗，當文鳥過來啄咬食用時，輕輕拉扯；接著文鳥會跟著拉扯，飼主也要再輕輕使力，不讓牠們將小米穗拉走。這種小米穗拔河，是文鳥相當熱中的互動遊戲之一。除了小米穗之外，也可以使用緞帶和細繩等道具來玩，但無論用什麼，都要避免執意拉扯或過於用力。

基本玩耍方式

①準備稍具長度的小米穗

②文鳥會銜住

③握住小米穗的一端，跟文鳥一起拉扯

一邊調整力道、一邊開心玩耍

注意要點

用小米穗之外的東西玩拉扯遊戲時，物品務必保持潔淨。

拍照留影

任何時候都想欣賞文鳥的可愛姿態

相信有不少飼主，都想將文鳥的可愛姿態拍成美美的照片，放到社群網站上，或當成手機桌面。不過文鳥的動作相當迅速，就算能夠拍到，也很難拍得好。而在放風等過程中，文鳥也可能對相機或手機產生興趣，而不太願意面對鏡頭，處在難以控制的情況。

首先，拍攝時間必須是外頭較為明亮的白天。拍照時不可使用閃光燈。突然的強光會使文鳥害怕，而且用自然光拍攝，照片其實也比較漂亮。要盡量讓室外的光線照進來，避免室內過暗。近拍時，如果將相機湊近，文鳥可能會受到驚嚇而逃跑，不少文鳥還會被快門聲給嚇到，因此最好避免這麼做。

基本攝影方式

①在白天拍攝，
不可以開閃光燈

②關掉快門聲

③不要靠得太近，
以免文鳥害怕

在背景和小物品上多花點心思，有助於拍出出色的照片

注意要點

就算是專業的攝影師，也沒辦法一下子就拍出漂亮的文鳥照片。試著多拍幾張，再從裡面挑出最棒的作品吧！

Q 文鳥不太願意離開鳥籠，為什麼會這樣？

A 請把鳥籠放在較高的位置。

文鳥還不熟悉人類時，若能身處於比人類還高的位置，就會感到平靜。別強迫文鳥離開鳥籠，請將籠門開著，接著就讓文鳥自己決定。慢慢地，文鳥就會開始跑進跑出的了。

Q 文鳥會接近所有家人，但就是不接近我，我該怎麼辦？

A 要避免搶眼的服裝或指甲彩繪。

文鳥害怕華麗的顏色。什麼程度的顏色叫做華麗，會依每隻文鳥的感受而異。就算飼主自己不覺得，但身上的服裝有可能正是文鳥討厭的顏色。另外，用手指指向文鳥，絕對會被討厭，有些文鳥則是連飼主擦指甲油都不喜歡。

Q 為何把手放進鳥籠，文鳥就會失控？

A 將手指朝下伸入。

有些文鳥會害怕人類的手。不過在照顧過程中，許多時候都必須將手放入籠內，因此最好讓文鳥慢慢習慣。如果牠們害怕的是指尖，那麼就要將手指朝下收好，再緩緩伸入。先停止不動，不要馬上動作，文鳥就會知道這並不是威嚇行為。

COLUMN

蒐集各種文鳥商品

2

與文鳥相關的日用品，會使飼養文鳥的生活更加快樂。從光是欣賞就能使人平靜的裝飾品，到每天都想使用的實用小物，生活的每個角落都能充滿文鳥之樂。

接續p.40，此處將繼續介紹文鳥的相關產品。

這件引人矚目的T恤，設計簡單卻讓人印象深刻。只要穿上它，彷彿就能用全身來表現對文鳥的喜愛。

付籤紙和印章等，每天都會用到的文具，也有以文鳥為題的商品。光是放在手邊，周遭便立刻洋溢著文鳥氣息。若拿來送給喜歡文鳥的人，對方應該也會很開心吧。

在日常用品之中，不妨增添幾件帶有文鳥圖案的物品，好跟文鳥更加親近！

在正面大大展示文鳥的T恤

將眾所皆知的「I♡NY」設計，改成愛文鳥的風格。NY部分換成JS（Java Sparrow，即文鳥），整件衣服散發出對文鳥滿滿的愛。

原創文鳥T恤
#7 I LOVE JS
尺寸：M、L、XL、150cm、160cm
定價：3,700日圓＋稅
Hydaway

兩隻歪頭文鳥馬克杯

畫有兩隻文鳥的馬克杯。兩面都畫了文鳥，因此不論哪一面朝向自己，都能欣賞到文鳥可愛的姿態。

原創JAVA SPARROW馬克杯
尺寸：寬105mm×80mm×高95mm
定價：2,000日圓＋稅
Hydaway

文鳥裝飾蓋 豪華香爐

由瑞峰氏所製作的高岡銅器香爐。爐蓋以站在竹上的文鳥做裝飾，相當雅致。作品以青銅製成，連細節處都多有著墨，訂購後會裝在桐箱中小心送達。

香爐／[illegible]
尺寸／[illegible]
寬11.2cm
定價／25,920日圓＋稅
創壽苑　樂天市場店

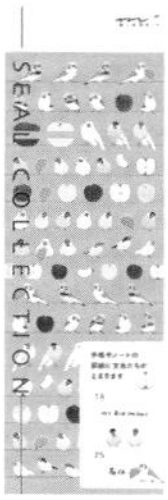

貼在行事曆或筆記本上 每天都能愉快使用的文鳥貼紙

這組貼紙能將行事曆和筆記本的格線等處妝點得可愛不已。貼紙圖案除了文鳥之外，還有斑胸草雀、蘋果和葉子款式。

[illegible]
DesignPhil
Midori Company

高級感呼之欲出 散發光澤的青銅製擺飾

穩固的橢圓形平台上，呈現著櫻文鳥停留在槲樹枝上的樣貌。以帶有光澤的青銅所製成，若拿來當成室內擺飾，房裡的高級感必定加分。

槲樹與文鳥（附橢圓平台）
尺寸／高20.5cm×長30cm×寬19cm
定價／18,[illegible]日圓＋稅
※單獨橢圓平台則為[illegible]日圓＋稅
創壽苑　樂天市場店

選對位置 就能增添趣味的壁貼

插座、門把、衣櫥的抽屜等，只要貼的位置剛好，看起來就會像文鳥正站在上頭。

壁貼／陪伴鳥　文鳥
尺寸／長7cm×寬6cm
定價／800日圓＋稅
TOYO LABO

能選擇喜愛文字的 文鳥印章

蓋出來有白文鳥和櫻文鳥面對面的圖案，令人不禁莞爾。訂購時可在圖中的「理惠」部分刻入最多3個字。

[illegible]　文鳥圖樣
尺寸／直徑13.8mm×高68.3mm
定價／2,600日圓＋稅
Midori Online Store

能隱藏訊息的 秘密付籤紙

這款付籤紙只要摺起一折，就能將訊息隱藏起來。付籤紙摺起時，文鳥是坐著的狀態，掀開後就會站起來。

秘密付籤紙　文鳥圖案
尺寸／長12cm×寬6cm
定價／340日圓＋稅
DesignPhil
Midori Company

※商品視銷售情形，也可能無法買到。 ※採訪協助單位刊載於書末（p.125）。

文鳥就是這樣
男女共通篇

此篇集結了文鳥們經常會做的各種行為，讓人忍不住點頭如搗蒜：「就是這樣！就是這樣！」在這之中，有沒有哪幾則讓你充滿共鳴，覺得文鳥們的可愛之處就在於此，或是很想讓家裡的文鳥也試試看的呢？

把家中
最舒適的地方
讓給了鳥籠

感同身受度　☆☆☆

尋找著溫差小、通風佳，而且不會吹到空調送風的角落，最後就把鳥籠放到了家裡最舒適的地方。
一個不小心，文鳥的地位就遠遠超過人類啦！

摸著摸著打起了盹
手卻不能停下來
不然會被攻擊

感同身受度　☆☆

最喜歡主人在臉上揉揉捏捏，摸著摸著便會陶醉得閉上眼睛，可是，當主人手一停下來，就會用鳥喙攻擊，彷彿是在說：「再摸再摸！」

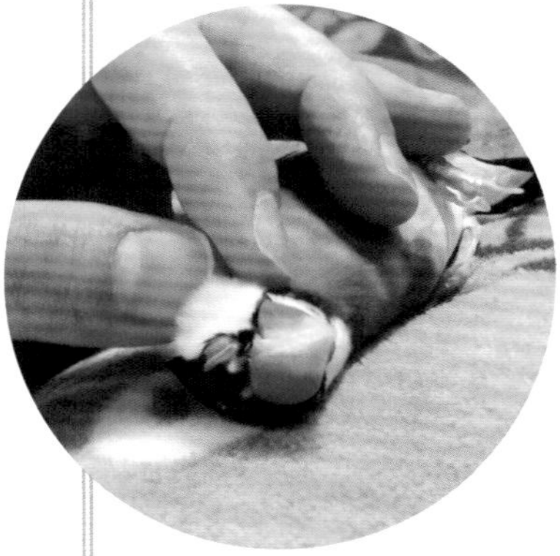

覺得自己很可愛

感同身受度　☆

到了鏡子前面，就會不斷擺出可愛姿勢。不論怎麼叫、怎麼摸都不理人。會專注地盯著自己，不斷展現自我！也是啦，畢竟真的很可愛啊～

在主人的手上睡著

感同身受度　☆☆☆

每當想做些什麼的時候，文鳥就一定會在手上睡著……這種狀況常常發生。束手無策之下，只好先暫停要做的事，靜靜望著文鳥了。

要出門時文鳥會發出挽留的叫聲

感同身受度　☆☆☆

每次準備出門時，文鳥總會心神不定地開始跳躍；一拿起包包，就聚精會神地凝望著我。等到終於要出門，還會發出「啾—啾—」的叫聲，彷彿是在說：「不要出門嘛～」

不讓人好好拍照

感同身受度　☆☆☆

用手機或相機拍出來的照片，大部分都會糊掉。如果想再挑戰一次，文鳥就會飛過來，停在手機或相機上，總是不讓人好好拍照。

文鳥就是這樣 男生篇

就算對方離去 還是會繼續熱情地 大唱特唱

感同身受度　☆☆☆

原本似乎是想唱求愛歌，結果卻漸漸陶醉在自己歌聲中的熱唱王子。雌鳥都發完好人卡、掉頭走掉了，卻還興高采烈地繼續唱下去，也算有點憨傻啊！

被女生包圍 就會抬頭歌唱

感同身受度　☆☆

不知是被雌性包圍時心情特別好，還是害怕若只討好特定對象，會惹對方生氣？雄鳥總會非常開心地朝正上方引吭高歌。

女生來的時候 就會立刻挺起胸膛 讓身形看起來更魁梧

感同身受度　☆☆

總是在女孩子面前裝帥，無論人類或文鳥都會這麼做。不過如果挺著胸膛，擺出不可一世的表情，有時雌鳥也會因此飛走。

原本一副 沒興趣的樣子 等雛鳥生下之後 身為人父的自覺 又會突然甦醒

感同身受度　☆☆

在人類世界很流行「育兒型男」，其實文鳥爸爸們也很會養孩子。看見文鳥夫婦同心協力、勤快照顧著孩子的模樣，真是讓人感動不已。

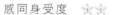

文鳥就是這樣 女生篇

膽子比男生大

感同身受度　☆

面對初次見到的新玩具，雌鳥的好奇心會比較旺盛。野生鳥類初次碰見某種東西時，明明應該很害怕，雌鳥有時候卻會衝上前去。

喜歡的歌曲會跟著唱

感同身受度　☆☆

當雄鳥拚命唱歌給自己聽時，雌鳥看起來也會很開心。牠們會全神貫注地聆聽，與雄鳥一起唱和，或加入自己的旋律。

如果不理她就會一蹦一蹦地跳起舞來吸引對方注意

感同身受度　☆☆☆

當雌鳥無法引起雄鳥注意時，就會跳起彷彿在說「看我這邊！看我這邊！」的舞蹈。為了讓雄鳥對自己感興趣，會使出渾身解數。

比起蔬菜的葉片更喜歡莖的部分

感同身受度　☆

雄鳥跟雌鳥都很喜歡蔬菜，不過女生好像特別喜歡。不知道是不是因為吃起來比較有嚼勁，許多女生都喜歡莖的部分，更勝於葉片的部分。

飼主篇

不只文鳥們，以下這些出於滿滿愛意的飼主事蹟，應該也會讓大家認同不已，覺得：「就是這樣沒錯！」

沒發現身上有鳥糞就直接外出了

感同身受度　☆☆☆

出門前明明在鏡子裡再三檢查過，到了公共廁所等處照鏡子時，卻發現頭髮上沾了鳥糞！被別人發現時，就會裝傻說不是，蒙混過去。

忍不住想聞文鳥的味道

感同身受度　☆☆☆

文鳥的味道被形容成是「清湯味」、「太陽味」。那有如香氣般的味道，會讓人忍不住上癮，常常無法克制地湊過去聞。

看到文鳥造型就會忍不住買下來

感同身受度　☆☆

玩偶、首飾、文具，跟貓狗等寵物相比，文鳥造型的日常用品數量實在不多。每次看到都會不小心買回家，等到發覺時，房間裡早已充滿了文鳥圖案的東西。

在社群網站上發的照片有9成都是文鳥照

感同身受度 ☆☆☆

雖然每次拍照都會糊掉，但若拍到可愛的照片，就會二話不說發到社群網站上。一回神才發現，自己的動態牆上全是文鳥照……。

心裡其實覺得「我們家的孩子比較可愛！」

感同身受度 ☆☆

覺得每家的文鳥都很可愛，但絕對是我們家的最可愛。
就算被說成是傻父母也無所謂。

遇到令人難過的事情時就會想看看文鳥

感同身受度 ☆☆

文鳥的存在，絕對能夠療癒飼主的心。悲傷、痛苦時，最想見到的一定是文鳥。文鳥對主人來說，就是如此重要的角色。

和理解戀人相比更懂得文鳥在想什麼

感同身受度 ☆

每天跟文鳥相處，漸漸地就懂得牠們在想些什麼。
如果文鳥也能理解一下人類的心情，那該有多好……。

後記

看完這本書後，說不定已經有讀者下定決心「要跟文鳥一起生活」了。我認為只要能將環境整頓妥當，並迎接健康的文鳥，飼養起來絕非難事。然而，能否將文鳥養育成自己理想中的模樣，則又是另外一回事了。

文鳥之所以能擄獲所有人的心，讓人忍不住覺得「這孩子怎麼這麼可愛！」，其實是因為飼主滿懷情意的照顧所致。並不是每一隻文鳥都會變成願意站在主人手上的可愛手玩鳥。這和文鳥本身的優劣毫無關係。如果飼主以苛刻的方式養育牠們，文鳥也會形成令人難以忍受的麻煩性格，或者不願意再站上人手。

接下來想飼養文鳥的各位，還請別對文鳥抱持先入為主的觀念或期望，必須好好地觀察牠們。只要用心觀察，就會發現文鳥其實對飼主存有許許多多的期待。我覺得孕育出可愛文鳥的祕訣，不該是去培養能夠滿足飼主的文鳥，而是要成為能夠滿足文鳥的飼主。

監修　伊藤美代子

健康檢查清單

利用這張檢查清單，來確認文鳥的健康狀況吧！
請將表單影印後使用。
填寫範本參見p.87。

文鳥的健康檢查清單

年　　月　　日（　　）天氣

溫度　　℃　／　濕度　　%

體重　　g

飼料量

水量

糞便　／　尿液

放風時間　／　睡眠時間

MEMO

採訪協助單位

創壽苑
TEL：022-294-1148
創壽苑　樂天市場店
http://www.rakuten.co.jp/soujuen
DesignPhil Midori Company
http://www.midori-japan.co.jp
TOYO LABO（樂天店鋪）
http://www.rakuten.ne.jp/gold/toyolabo
隔壁的動物園
http://www.tonarino-doubutuen.jp
鳥專賣店BIRDMORE
http://www.birdmore.com
Hydaway
http://www.rakuten.ne.jp/gold/hydaway
文鳥雜貨精選商店
文鳥ロードショー
http://www.bunchou.net
文鳥屋
http://bunchoya.com
Midori Online Store
http://www.midori-store.net
Momi Buncho Lab
http://momibun.wix.com/momi
Yamato Net Service 雜貨屋事業部
TEL：06-6791-7136

※請注意※
・此名單依日語五十音順序排列。
・書中刊載商品視銷售情形，也可能無法買到。
・此為2016年8月之資訊。

監修協助單位

あず小鳥の診療所

專門診療鳥類、兔子、倉鼠等小動物的動物醫院。
建議透過健康檢查來預防疾病，並諮詢飼養資訊。

埼玉県さいたま市南区南浦和2-14-12　TEL：048-816-6996
看診時間　一、三、五、六、日 9:00～12:00／16:00～19:00
四、國定假日 9:00～12:00　休診日 二
※預約看診制。

【監修】

伊藤美代子

日本飼鳥會會員，東京啁啾會會員，寵物飼養管理士一級認證。作品包括《幸せな文鳥の育て方》（大泉書店）、《漫画で楽しむ だからやめられない文鳥生活》（誠文堂新光社）等眾多文鳥相關書籍監修及著作。

【寵物監修】

松岡滋

「あず小鳥の診療所」院長，日本大學生物資源科學部獸醫學系學士。鳥類臨床研究會、野生動物研究會成員。監修《インコとの暮らし方がわかる本》（日東書院）等書。

【日文版工作人員】

設計　小倉奈津江（ユイビーデザインスタジオ）、三上祥子（Vaa）、矢作裕佳（Sola design）
插畫　amycco.
編輯協助　吉岡奈美（フィグインク）
執筆協助　野上明子
製作協助　文鳥飼主們

國家圖書館出版品預行編目資料

文鳥飼養日記：照顧×教養×遊戲，一起度過親親時光！ / 伊藤美代子監修；蕭辰倢譯. -- 初版. -- 臺北市：臺灣東販, 2017.05
126面；18.2×21公分
ISBN 978-986-475-344-4

1. 文鳥科 2.寵物飼養

437.79　　106004907

文鳥飼養日記
照顧×教養×遊戲，一起度過親親時光！
2017年5月1日初版第一刷發行
2023年4月1日初版第四刷發行

監 修 者　伊藤美代子
譯　　者　蕭辰倢
責任編輯　陳映潔
特約編輯　劉泓葳
發 行 人　若森稔雄
發 行 所　台灣東販股份有限公司
＜地址＞台北市南京東路4段130號2F-1
＜電話＞(02)2577-8878
＜傳真＞(02)2577-8896
＜網址＞http://www.tohan.com.tw
郵撥帳號　1405049-4
法律顧問　蕭雄淋律師
總 經 銷　聯合發行股份有限公司
＜電話＞(02)2917-8022